第一次就成功的组合盆栽种植技巧

[日] 古贺有子 编著
叶千瑜 译
阿咕 审

人民邮电出版社
北京

图书在版编目（CIP）数据

第一次就成功的组合盆栽种植技巧 / （日）古贺有子编著 ; 叶千瑜译. -- 北京 : 人民邮电出版社, 2021.2
ISBN 978-7-115-53906-9

Ⅰ. ①第… Ⅱ. ①古… ②叶… Ⅲ. ①盆栽一观赏园艺 Ⅳ. ①S68

中国版本图书馆CIP数据核字(2020)第079712号

内 容 提 要

本书是一本讲解组合盆栽的园艺教程书。

全书内容分为5个部分，分别为“在开始制作之前”“制作组合盆栽制作基本方法”“植物的色彩搭配案例”“组合盆栽的保养与维护”“不同类别的植株推荐”。本书讲解细致，图文并茂，并配有种植“要点小课堂”和作者分享自己经验的专栏。同时作者从设计角度讲解了配色、造型等方面的实用思路，不仅为园艺工作人员和爱好者提供了可直接复制的组合盆栽方案，也提供了原创设计的思路和方法，非常适合园艺从业者和爱好者阅读。

跟着本书作者一起打造自己的魅力花园吧！

◆ 编　　著　[日]古贺有子
　译　　　　叶千瑜
　审　　　　阿　咕
　责任编辑　郭发明
　责任印制　陈　犇

◆ 人民邮电出版社出版发行　北京市丰台区成寿寺路11号
　邮编　100164　电子邮件　315@ptpress.com.cn
　网址　https://www.ptpress.com.cn
　雅迪云印（天津）科技有限公司印刷

◆ 开本：700×1000　1/16
　印张：8.75　　2021年2月第1版
　字数：201千字　　2021年2月天津第1次印刷

著作权合同登记号　图字：01-2019-7724号

定价：52.80元

读者服务热线：(010)81055296　印装质量热线：(010)81055316
反盗版热线：(010)81055315
广告经营许可证：京东市监广登字20170147号

目录

第三部分 植物的色彩搭配案例 57

将更多的植物
带进生活

为生活增添色彩的组合盆栽推荐

触摸花叶、感受香气、浇水照料——仅仅是这样的简单举动，就能让心平静下来。看到植物有些枯萎时便担心不已，找到小花苞时又欣喜非凡，其间的细微小事都能让心变得安定下来。

同样是组合盆栽，每个人的享受之法却各有不同。何不自由想象，用组合盆栽点缀生活，让自己每天都过得幸福充实。

把钩柱毛茛、堇菜花、鼠尾草等路旁常见的杂草种进一个容器里，以供玩赏。

充满野趣的草类组合盆栽

极不可思议的造型美

空地、田边都是杂草的宝库。制作组合盆栽的诀窍在于将杂草连根挖出后，把向上生长的、横向生长的和下垂生长的植株均衡地搭配起来。全凭自己的喜好来再现山野风景的四季变化。上图的苔玉和右图的盆栽是用常见的沼泽黏土制作的“草玉”。

对于想培育植物却没信心将其照料好的人来说，多肉植物是一种很好的选择。多肉植物的生命力非常顽强，几乎不用花心思照顾。最近，在家居用品中心也能以比较便宜的价格买到多肉植物。在制作组合盆栽时，需要使用多肉植物专用的栽培土。（多肉植物的植株推荐请参考第137页。）

花草、香草和蔬菜的组合
菜圃式园艺

所谓的菜圃式园艺，就是同时种植可食用植物和花草的具有法式风格的家庭菜园。上图展示的是把旱金莲、意大利欧芹、野草莓、香菜、甜菜根、柠檬百里香栽培在木制容器中的组合盆栽。其中，野草莓的果实比草莓稍小，具有香味、甜味浓郁的特点。一起让可爱的花朵盛放吧。（香草植物和蔬菜的植株推荐请参考第134页。）

芳香园艺

在通风处用盆栽作为装饰，风一吹动便会带来微微的香气。右图展示的是薰衣草、山薄荷、蔓越莓的组合盆栽。将薰衣草和山薄荷割下后再进行干燥处理，即可制成香料。

既能享受芳香又能欣赏花朵的香草组合盆栽。薰衣草(图左)现在有100种以上的栽培品种，花朵的形状和色彩也各有不同。小白菊(图右，又称短舌匹菊)是八重瓣的品种，小白菊的种类不同，香气也会有些微不同。遍寻香草来找到自己喜欢的花和香气，这一过程也充满乐趣。

把植物作为一种室内装饰摆放在房间里，便能让房间变得明亮起来，还能达到舒缓心情的效果。在供人欣赏叶片颜色和形状之美的观叶植物中，就有很多易于照料又富有生命力的品种。根据厨房、餐厅、玄关和卧室等不同场景，选择合适的植物吧。（观叶植物的植株推荐请参考第136页。）

观赏叶片颜色

彩叶植物的叶片比起花朵来毫不逊色，前者同样能华丽而鲜艳地点缀空间。包括斑纹叶、银叶、黄叶、绿叶、铜叶在内的彩叶植物，其叶片的形状也很丰富。这类植物会开出什么样的花呢？意外的情节展开会让人兴奋不已。(彩叶植物的植株推荐请参考第133页。)

简约的容器
搭配清爽的植物

如果想在房间里摆几株植物，推荐选择水培植物，将其放进玻璃器皿里便能制造出一种清凉感。因为不会用到土，所以这样的植物显得很干净。和一般的组合盆栽相比，水培植物浇水的次数少，非常适合忙碌的人们。将水培植物作为礼物送人，大家通常都会喜欢。(水培植物的制作方法请参考第114页。)

种植步骤

1. 铺上盆底网，放入盆底石，将混合了底肥的栽培土填至容器高度的1/3处。

2. 将朱蕉在容器的后方倾斜15度种好。

3. 将3株红莲月季分别种在朱蕉的左前侧、右侧和正前方。

4. 在红莲月季之间插空种入3株多毛百脉根。最后填土、压实，平整表面并浇水。

（种植技巧请参考第35页）

为月季心动的每一天

花形也好，香味也罢，月季长久以来备受人们的喜爱。在狭小的庭院或阳台上打造一座月季花园虽不现实，但在身边摆上月季（长不大的矮玫瑰）的迷你组合盆栽以供欣赏却不难实现。这样，每天都能期待着月季一朵接一朵地盛开，并为之心动、喜悦。

朱蕉1株；红莲月季3株；多毛百脉根3株。

选用带底座的容器进行种植，通过抬高视线，营造出一种更为华丽的氛围。选用白色的容器，则能将花叶的颜色衬托得更加鲜艳。

第一部分

在开始制作之前

在制作组合盆栽时，关于植物的搭配方法有什么规定吗？

需要什么样的工具呢？

难道没有人对此迷茫不已，觉得很难迈出第一步吗？在这里，我们将一个个地解决这些小疑问。

明确具体的装饰效果

制作好组合盆栽之后，你会选择将它放在哪里呢？如果想给装饰的空间带来欢快明亮的氛围，你会选择什么样的花和容器呢？按照这样的顺序考虑，明确你具体想要的装饰效果是非常重要的。

选择装饰位置

由放置盆栽的空间大小和环境来决定

『组合盆栽』指将几株不同植物栽种在同一个容器中。想让小小庭院里挤挤挨挨的花草盛放，或想让花株草叶点缀单调的水泥墙壁，抑或是想要用时令的花草来装饰窗边等，都可以用『组合盆栽』的方法轻松满足装饰需求。

制作组合盆栽时，在决定了装饰地点和装饰风格后，自然而然就能知道下一步要怎么做了。这是因为要装饰的地点宽敞与否决定了需要准备的容器的大小和数量，而盆栽又受到装饰位置的光照条件限制，据此可以慢慢筛选出能养活的植株品种。

制作组合盆栽的规则只有一个：栽种在同一个容器中的植物必须是喜好同种生长环境的植物品种。读者可以在制作组合盆栽的同时了解植物的生长习性。

将喜好同种生长环境的植物进行组合是不可动摇的法则

需要考虑摆放的地点是室外还是室内，放置地点的光照和通风条件如何等问题。在同一个容器里栽种多种植物时，将喜好同种生长环境的植物划为一组进行栽培是制作组合盆栽的关键点。

根据生长环境而分类的植物

放在室外也能安然过冬，如三色堇、堇菜花等。

适合放在房屋的西侧等光照不充足的地方，如秋明菊、秋海棠等。

适合放在房屋的南侧或东侧等日照充足的地方，如白晶菊等。

需要用保水性良好的土壤栽培，如鼠尾草、金钱草等。

适合放在房屋的北侧或日照时间短的地方，如紫芳草、夏堇等。

需要用排水性良好的土壤栽培，如蓝眼菊、灯台草等。

冬季需要放在室内，如秋明菊、康乃馨等。

另外，还可以将植物分为喜酸植物（如石南花、杜鹃花等）和不耐酸植物（如罗勒草、薰衣草）。

要点小课堂

摆放位置的小建议

如果要装饰的房间是临街的，便要考虑如何能让素未谋面的路人们感到赏心悦目，而如果装饰的是庭院内或室内的话，就要为了自己和家人而精挑细选。那么请想象一下摆在不同的地方具体要怎么做吧。

玄关处或门前通道

在玄关口摆放微微散发香气的草本植物不失为一种美妙的待客之道。在门前通道上，可以选择不妨碍通行的紧凑的草本植物来装饰。

大门的周围

不只有前来拜访的客人会注意到大门这个地方，从门前经过的人也会留意此处。到了开学季或升学季，摆放一些时令花卉来表达祝贺也会令人十分愉悦。

中庭

因为日照条件和通风情况不同，必要的时候，可以将盆栽放在花架上制造高低差来改变通风和光照，也可以安装立式的吊篮（参考第49页）来打造立体效果。

室外楼梯

单调的室外楼梯，在每一个台阶上摆放好组合盆栽后，就能成为目光的焦点。选择植物品种和摆放方法时，以不妨碍通行为原则是非常重要的，同时也要记得考虑防止容器倾倒、掉落。

围墙及栅栏

通过放置组合盆栽，让煞风景的地方华丽变身为多姿多彩的世界吧。可以用悬挂在墙壁上的吊篮（参考第48页）或花环（参考第50页）来点缀。要记得考虑防止吊篮和花环掉落，保护安全。

窗边或飘窗（室内）

赏叶类或兰花类植物喜欢透过窗帘照射进来的柔和光线，将它们放在这种位置吧。多肉植物的组合盆栽（参考第7页）或水培植物（参考第1页）可以装点餐桌和洗脸台等地方。

确定主题

感知季节，保持一致感

选择好装饰位置之后，一起来确定具体的组合盆栽主题吧。

在园艺商店中摆放着许多当季的花苗。每株植物一定都让你觉得可爱不已，想要全都买回家。但是这样没有计划的乱买是绝对不行的。如同敲定了菜单后再去买食材一样，在购买植物前必须先决定好要制作怎样的组合盆栽。事先明确主题，这一点非常重要。在买到目标花苗之后，心中构想的画面会更加饱满。

要点就在于通过季节变化来确定主题。比如，淡雅的粉色花朵会给春天带来欢快的气息；清爽的蓝色花朵则会给夏天带来一股清凉之意；秋天适合用枫叶与芒草丛生的空地相呼应；冬天则适合用银色的叶片来和雪景相呼应。

此外，要把一个盆栽看作一座花园（庭院），是要打造英式花园，还是日式庭院，保持这种整体的一致感也非常重要。

主题的要点

英式花园风

将植物融入自然风景的组合盆栽

请参考第34页

自然花园风

让人联想到山中风光的组合盆栽

请参考第46页

日式庭院风

体现四季变化的组合盆栽

请参考第97页

白色花园风

花叶颜色均为白色的组合盆栽

请参考第62页

要点小课堂

决定作品的风格

一边感知季节，一边开始制作我们的组合盆栽吧。让我们给『作品』起一个标题吧。这样一来，脑海中的想象就会更加鲜明。

请参考第8页

菜圃式园艺

做饭或准备下午茶时可以方便取用。

请参考第58页

春日花篮

让五颜六色的花朵在篮子中绽放。

冬日花环

百花凋零时的悠然一角。

请参考第51页

请参考第8页

芳香园艺

以在风中摇曳的香草为主体。

请参考第38页

秋风的通道

再现令人怀念的风景。

治愈空间

清新的绿植治愈心灵。

请参考第10页

选择容器

颜色、形状、材质、大小都有讲究

决定好装饰位置和主题后，下一步让我们想想用什么样的容器吧。

选择容器的时候，要注意容器的颜色、形状、材质等要与花草的风格相符。此外，容器要与放置场所、周围的景色相协调。另外，尺寸的选择也是重点。如果容器太大，就需要使用大量的土壤，搬动或浇水都会很费力；相反，容器过小就会导致根系缠绕，破坏植物的美丽状态。

容器的形状大致分为4类：盆口直径和深度相近的标准盆、深度为盆口直径一半左右的扁盆、深度比盆口直径更大的长筒形盆、侧边长的箱形窗槛花箱。

容器的材质有素烧（赤土色）、陶制、塑料等。因其重量、强度、内容土的干湿程度等不同，可以根据放置场所和植物的性质等进行容器选择。下面标注了不同容器的各项特征，为读者们选择提供参考。

主要的容器形状

窗槛花箱

适合用来装饰窗沿或墙边。诀窍在于将根系不发达的花草左一株右一株地进行栽种，制造一种动态美。也有椭圆形的花箱。

（请参考第46页）

（请参考第63、64页）

标准盆

几乎可以种植所有的植物。因为盆口直径和深度的比例很均衡，很容易摆设。此外，也有四方形的标准盆。

长筒形盆

适合根系较深、较舒展的植物。常用于栽种株高较高的花或下垂的植物，比较容易把握整体平衡。

（请参考第43、59页）

（请参考第95页）

扁盆

适合小型的或根系较浅的植物。因为盆口直径大，稳定性很强，与植株矮小的花草很搭。

容器的尺寸和能容纳的植株数量标准

容器尺寸（号数）	盆口（直径）	土壤体积	盆栽苗木植株数
6号盆	18厘米左右	约2.2升	2~3株
7号盆	21厘米左右	约3.5升	4~5株
8号盆	24厘米左右	约5.2升	6~7株
9号盆	27厘米左右	约7.8升	8~9株
10号盆	30厘米左右	约8.4升	10株左右

*因为盆栽苗木有各种各样的尺寸，所以上表标注的植株数仅是大致标准。

一般来说，“容器”的盆口直径和深度的比例不变，以“号”为单位表示尺寸。1号盆的盆口直径为3厘米，6号盆的盆口直径就是1号盆盆口直径的6倍，即18厘米。请参考容器的尺寸，购买合适的土量和苗木。

要点小课堂

容器的材质

虽然塑料容器又轻又结实，价格也很划算，但这里还是要介绍保温性能好、表现力多样的素烧容器和陶器等。容器也是组合盆栽的表现手段之一。和选择花材一样，选择容器也要慎重。

素烧容器

橘色的素烧容器是主流。素烧容器透气性好，但水分蒸发快，所以用此容器时需要经常浇水。虽然大型的素烧容器时很重，较难搬动，但也因此有抗强风、不易倒的优点。

陶器、陶瓷器

颜色和形状丰富。使用了釉料的陶器（如上图右），没有透气性，适合作为室内的观叶植物的容器。用于制作组合盆栽的陶瓷器（如上图左）有着和素烧容器几乎相同的特征。

木质容器

与植物很搭，能制造一种自然的氛围。它的透气性、排水性和隔热性好，但耐用性较差。没有盆底洞的木质容器可以用铁丝等打洞。

玻璃容器

样式丰富。因为制作时混入了玻璃纤维等，所以比素烧容器更轻便、结实。但由于玻璃容器表面上有细小的纤维，容易扎手指，所以工作时必须要戴手套。

铁皮容器

样式丰富。能营造一种古典的氛围。虽然铁皮容器轻便、易于取用，但因为其透气性差，很容易受外界气温的影响。没有盆底洞的铁皮容器可以用铁丝等打洞。

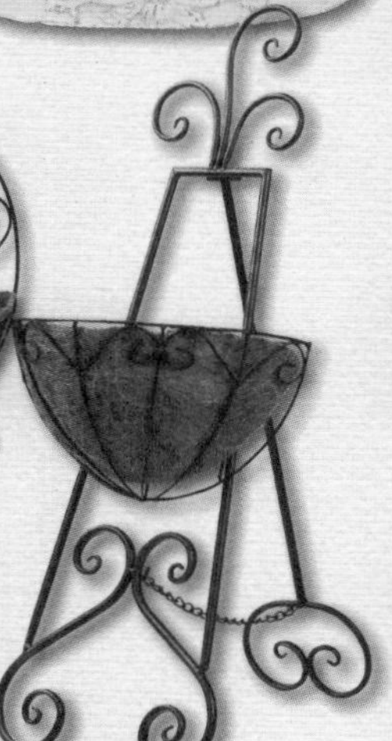

吊篮

在钢丝吊篮中配置了棕榈皮等挡土的材料。挂在墙上或台灯上，能取得立体装饰的效果。原本适合种植耐干燥的植物，不过内侧配置塑料袋后，也能进行一般的组合盆栽种植。（制作方法请参考第48页。）

藤制容器

色彩、形状丰富多样。售卖的藤制容器内侧都配置了塑料袋，有排水孔的容器可以直接放入土壤使用。因为这种容器容易有腐殖质，所以完成后的作品不要直接放在土上。环状的藤制容器（如上图右）很适合用来装饰墙面。（制作方法请参考第50页。）

＊与素烧容器相比，塑料容器中的土壤不易保持干燥，容易闷，但也因此不用常常浇水。因为塑料容器很轻便、易于搬动，所以适合摆放在阳台等通风的地方。

选择植物

喜好同种生长环境的植物可以自由搭配

决定好装饰场所、主题，选择好合适的容器，再确认能种多少植株（请参考第18页的表格），接下来就来集齐需要的花草吧。

如第14页中所述，喜好同种生长环境的植物可以自由搭配。可以通过花苗上的标签说明来确认植物的生长习性，不清楚时查本书附录进行确认，这一点非常重要。经历几次失败之后，就能慢慢了解不同植物是否可以搭配了。

以下介绍『古贺流组合盆栽的组合要点』供大家参考。

1.把株高较高的植物、株高中等的植物、株高较低的植物组合成一组。（请参考第21页、34页。）

2.把株高较低的植物组合成一组。（请参考第35页。）

3.分别把暖色调、冷色调、深色调和浅色调的植物组合成一组。（请参考第32页。）

4.叶片和花一样，也要从颜色、形状、大小和伸展方向4个方面来考虑。（请参考第42页。）

组合盆栽的观赏时限有多长？

植物之中有一年内死亡的一年生植物，也有到了来年会在同一时期开花的多年生植物，还有能让人们同时享受果实和红叶的树木等。

组合盆栽的观赏期，一年生植物多为2～6个月，多年生植物的开花时间短，1～2个月，当然不同植物会有所不同。对于组合盆栽来说，季节感就是生命，落花后就一起开始下一次的组合盆栽吧。如果多年生植物和树木状态好的话，落花后也可以用新植株替换一年生植物（请参考第120页）。

植物有着不同的生长时间

多年生植物

长阶花

荷兰紫菀

蓝费利菊

树木（灌木）

金橘

麻叶绣线菊

一年生植物

报春花

百日菊

要点小课堂

基本的组合

这个组合盆栽比较耐寒，由多年生植物、球根植物、灌木3类植物组合而成。把株高较高的、株高中等的和株高较低的植物搭配起来，即使是初学者也能轻松地完成立体的作品。

圣诞蔷薇（冬蔷薇）

毛茛科

耐寒性多年生植物

花期：12月－次年4月

大而有个性的花，适当的摇曳之姿充满魅力。

重瓣麻叶绣线菊

蔷薇科

耐寒性落叶灌木

花期：4–5月

明亮的叶片颜色衬托了圣诞蔷薇，也能让整体的效果显得更为轻盈。

水仙“密语”

秋季播种球根植物

花期：12月－次年4月

稍稍往后种，打造出一种纵深感。

* 具体种植方法请参考第65页。

薄荷灌木“奇迹之星”

唇形科

半耐寒性常绿灌木

花期：3–4月

明亮的斑纹叶片，调和了水仙明亮的黄色。

婆婆纳“梅里夫人”

玄参科

耐寒性多年生草本植物

花期：3–5月

沿着容器的边缘种植，可以制造出容器和植物的融为一体的感觉。

花盆

沉稳的色调，更加衬托出圣诞蔷薇的红。

准备工具与材料

制作组合盆栽所需的工具与材料，都能在家居用品中心、园艺店等地方轻松买到。土壤、肥料等制作组合盆栽物品也都能轻松买到。先把必需的物品集齐吧。

工具与材料　制作组合盆栽的必备物品

选择轻便又结实的工具

如第23页的图片所示，制作组合盆栽所需的工具和材料一共有10种。工具有5种，包括水桶、喷壶、剪刀、土铲子、一次性筷子。材料也有5种，包括盆底盘、盆底网、盆底石、栽培土和肥料（关于栽培土和肥料的信息请参考第26–29页）。选择水桶、喷壶、剪刀的标准是轻巧而结实，同时用起来要顺手。在此基础上，如果设计得还很美观就更好了，土铲子、盆底盘、盆底网、盆底石并不是身边常见的工具。但因为这些都是制作组合盆栽时不可或缺的工具，所以要趁这个机会记住它们的最佳使用方法。

盆底石

一般选用浮石、大颗的赤玉土。为了改善容器的排水性和透气性，要在盆底铺上厚约1厘米的盆底石。如果铺得太厚，上面的土量会减少，根系伸展的空间会变窄，所以要特别注意。如果是小容器（5号盆以下），不放盆底石也没关系。

赤玉土要除去粉尘※后再使用。如果混着粉尘，排水性会不好，容易导致植物根系腐烂。一般可用筛子除去粉尘，但如果赤玉土的量较少，也可以用铺了盆底网的容器代替筛子。

如果放置了装满盆底石的网袋，再次利用土和盆底石的时候，就可以马上将二者分离，非常方便。另外，也可以在容器中放入装了发泡聚苯乙烯的网袋。因为这比赤玉土轻，所以搬动时会轻松些。

※粉尘：颗粒破碎，像粉末一样细碎的土。

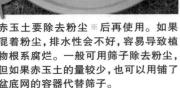

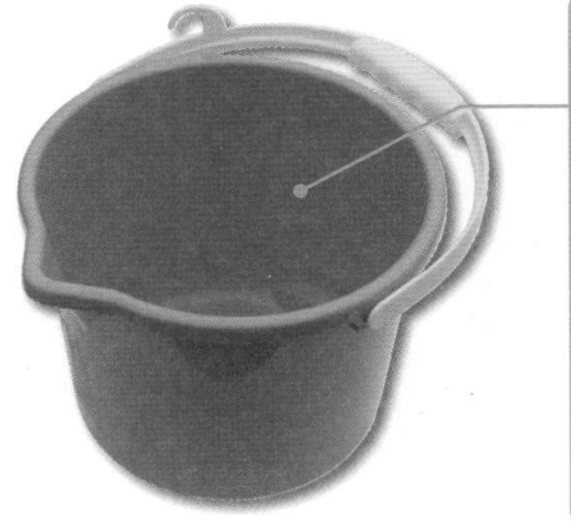

水桶

在制作组合盆栽时，通过缩小植物的根块※，可以在有限的空间里种入更多株植物。缩小根块的方法（请参考第36页）多种多样，其中一种是用水清洗根块，就可以冲刷掉多余的土壤。事先在水桶中打好水，手脏了想洗的时候也很方便。

用水冲洗根部，能冲掉土壤，同时也不会伤到根块。

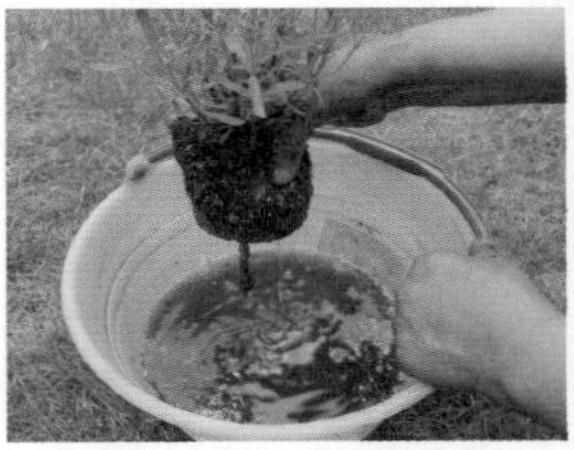

※ 根块：把苗从盆中拔出时，根系和土壤黏结成一块的部分。

喷壶 请参考第24页

土铲子 请参考第24页

盆底盘 请参考第24页

盆符石 请参考第22页

栽培土 请参考第26页

肥料 请参考第28页

刀尖细的芽剪适合细节操作

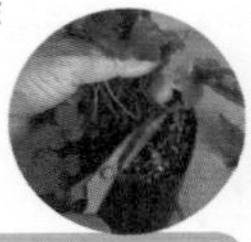

盆底网

即用来堵住盆底洞的网，应在放盆底石前先铺好。在放入土壤或浇水后，可以防止土壤从盆底洞流出。另外，也可以防止蚂蚁和蛞蝓（俗称鼻涕虫）之类的害虫入侵。不同容器的盆底洞大小有所不同。有按照盆底洞尺寸修剪好的盆底网，也有需自行修剪使用的盆底网。

一次性筷子

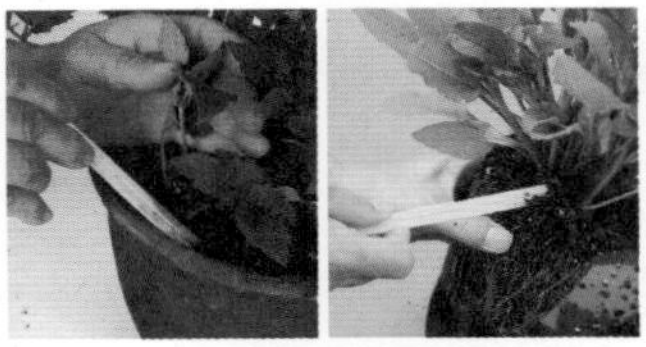

种植花苗的时候，要在苗和苗之间、苗和容器之间仔细地填满土壤，这时可以用一次性筷子代替土铲子。另外，想去除根块上的苔藓、脏污及多余的土壤时也可用其进行操作。使用专门的带铲耙也很方便。

专门的带铲耙请参考第25页

剪刀

要去除叶片和残朵※，想缩小根块或切掉多余的根系时，可以使用剪刀。一般来说，剪除叶片、花梗和细根时用刀尖细的芽剪（如下图上），剪除较硬的茎或根时用坚固的修枝剪（如下图下）。

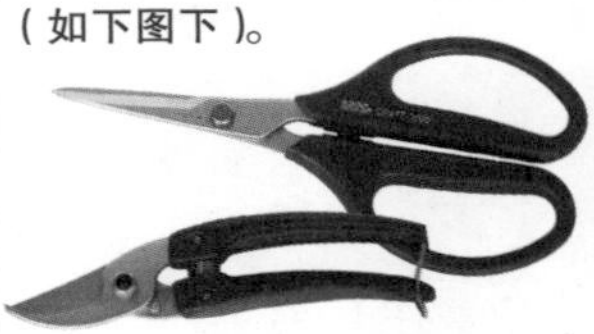

※ 残朵：开败但未落下，残留在枝干上的花朵。

盆底盘（花盆托盘）

原本的用途是防止水和泥土从盆底流出。而在组合盆栽中，盆底盘既可以作为栽培土和肥料的容器，又可以作为去除根块土壤时的容器，具备多重功能。因为盆底盘有各种各样的尺寸，所以备齐大、中、小的尺寸比较好。

盆底盘可以用作栽培土和肥料的容器，是不可或缺的。

在清理植物根块时，还可以用盆底盘来接碎土。

土铲子

在一点点放入土壤时使用。向大容器中放入盆底石和土壤的时候，要用能舀起大量土壤的大尺寸土铲子。把花苗种好后，往花苗和苗之间狭窄的空间里填土壤时，用能一点点放少量土壤的小尺寸土铲子会更方便。

使用土铲子，往狭窄的地方填土也很容易。

土铲子有各种各样的尺寸，如果同时准备大、中、小3种类型就会方便很多。

洒水壶

洒水壶的喷嘴比喷壶更细，便于调整水量和水流的强度。

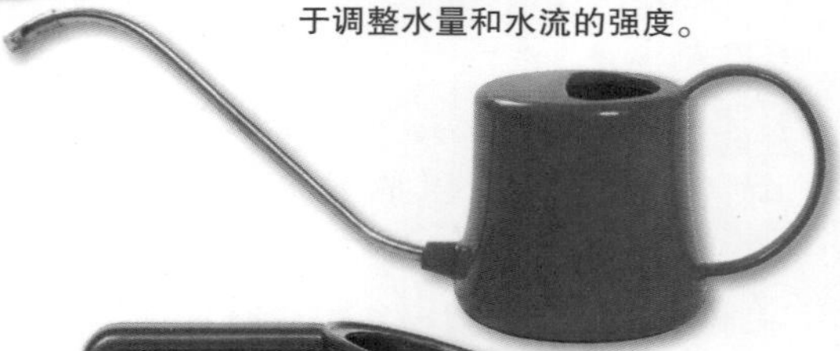

喷壶（喷头※可拆卸型）

为组合盆栽浇水的时候可以使用。浇水时要摘下喷头，尽量把喷嘴靠近植株根部，注意不要浇到花、叶，也不要让土壤飞散。另外，在室内浇水或施液肥时，要使用喷嘴细长的洒水壶。

※喷头：位于喷嘴前段，类似淋浴喷头的部分。

浇水时拆下喷头。

古贺老师的爱用品

缩小根块时，用带铲耙可以轻松地把土“唰啦唰啦”刮下来，所以带铲耙也被亲切地称为“唰啦唰啦棒”。

带铲耙

前端的铲子很容易插进苗和苗之间，或者容器和苗之间，可以紧紧地把土压结实。也可以很轻松地去除根块上多余的土。另一侧的耙则便于弄散坚硬的根块。

喷雾瓶

根块变得脆弱或干燥的时候，如果在清除表面的苔藓、污渍后直接浇水，可能会把必需的土壤都去除，所以用喷雾瓶进行适度湿润比较好。给观叶植物进行叶面喷雾※时也可以使用这一工具。

※叶面喷雾：给叶片喷洒雾状的水。

给根块喷洒雾状的水，使其适度湿润。

园艺用旋转台

种植花苗时，要一边确认正面、侧面和背面的情况，一边进行工作。如果可以把容器放在旋转台上，那么从确认工作到种植，再到填土，都能顺利进行。

转旋转台，一边确认整体是否平衡，一边进行种植。

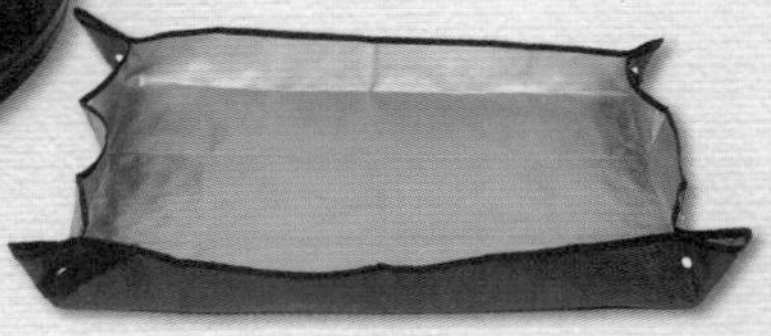

园艺垫子

有了园艺垫子，即使土撒了，也不会弄脏地面和地板，后面收拾起来也很简单。因为把垫子四角的粘扣扣起来，四周就会立起来，所以即使水洒了也不会漏到外面。垫子上的污垢可以用水轻松冲洗掉。

在室内室外工作都不必担心脏污。

古贺老师的风格

园艺用手套可以防止受伤或手变粗糙。比较薄的橡胶手套也适合进行细节工作。

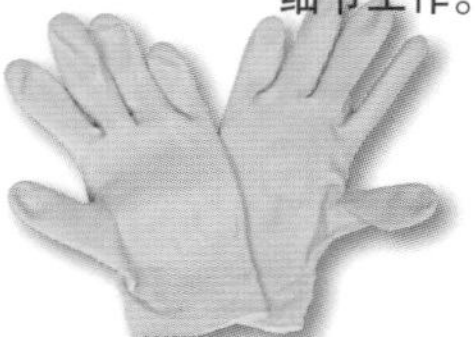

园艺用靴比起长靴更方便穿脱，也很透气。

虽然工作时很小心不弄脏自己，但不知何时衣服上就沾满了泥。所以，我总是戴着园艺围裙。园艺手套、园艺用靴也是防止脏污的必需品。

顺便提一下，园艺围裙有很多能放小物品的口袋，所以很方便。此外，如果在腰上系上有带子的箱子，用来收纳剪刀、铲子之类的工具，工作中就能节省不少找东西的时间。这种风格适合容易丢三落四的朋友们。

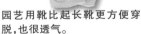

土壤与肥料
使植物健康成长的根基

活用市场上售卖的栽培土

用市场上售卖的栽培土作为组合盆栽用土，既简单又方便。

栽培土，是指培育植物的土壤，在赤玉土、鹿沼土、黑土等基本用土的基础上，均衡地混合了腐叶土、堆肥、膨胀蛭石、珍珠岩等改良用土。栽培土又分为含肥料和不含肥料两种。对于植物来说，『好土』是指，①有着良好的透气性，②保湿性和排水性平衡，③有保肥力（保持肥料的能力），④病原菌和害虫少。从这些角度看，市场上售卖的栽培土可以放心使用。虽然也有使用庭院土壤的方法，但是为了制造出『好土』，需要花费很多的时间和精力，所以一般来说还是推荐使用市场上售卖的栽培土。

在栽培土中，除了几乎所有花草都可以使用的通用型土壤，还有球根植物用土、观叶植物用土等特定植物的专用土壤。一起来选择适合目标植株的栽培土吧。

要点小课堂

如何改良买到的栽培土

市场上售卖的栽培土不是万能的。偶尔也会有浇了水却马上变干，或者一直湿湿的、怎么也不干的情况出现。这种时候，就应该，使用下面的方法尝试改良。栽培土的标准重量是每升400~600克。比这个标准轻的就容易干，重的就不容易干。另外，根据放置场所的环境不同，向市场上售卖的栽培土中加入改良用土，能使土壤更适合种植植物，请大家多多尝试。

在容易干燥的环境中培育植物（提高保水性）

市场上售卖的栽培土

膨胀蛭石

不易干燥的、轻于标准重量的土壤

在栽培土中混入少量赤玉土（小颗粒）或黑土，使其变重。

市场上售卖的栽培土

赤玉土（小颗粒）

市场上售卖的栽培土

黑土

在日照不足或通风不佳的环境中培育植物（提高透气性和排水性）

市场上售卖的栽培土

珍珠岩

不易干燥的、重于标准重量的土壤

在栽培土中混入少量珍珠岩或泥煤苔，使其变轻。

市场上售卖的栽培土

珍珠岩

市场上售卖的栽培土

泥煤苔

栽培土的制作方法

自己也能制作栽培土。要诀在于，调配前要先去除粉尘（请参考第22页），混合时要轻柔地用手混合，不要弄出粉尘，放入袋子中也要轻轻摇晃。

* 调配时，直接混入元肥※会更方便。配比标准是栽培土1升，对应缓释肥料※3~4克。
* 先查看买到的栽培土的外包装说明，在没有注明加入肥料的情况下，调配加入元肥。
* 将多余的栽培土装入袋中，紧密封口，储存时避免阳光直射和淋雨。

※元肥和肥料的相关信息请参考第28、117页。

一般植物用（基本配比）

要点

这种基本配比的土壤适用于大部分的植物。

室内栽培植物用

要点

用无菌、洁净的泥煤苔代替基本配比中使用的腐叶土。

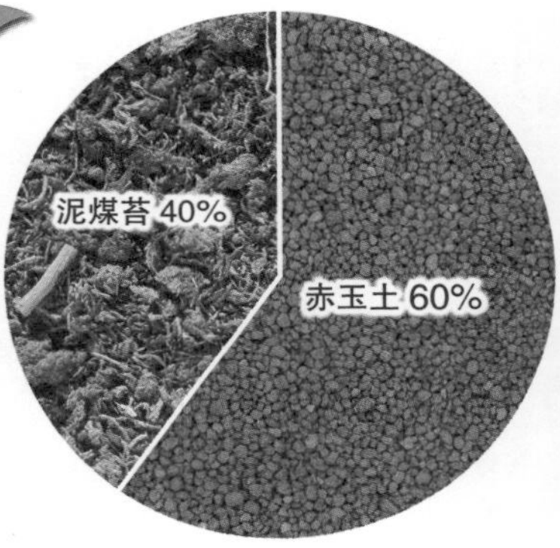

喜排水通畅环境的植物用

要点

与基本配比的土壤相比，这种土壤透气性和排水性更佳。

喜酸性土壤

要点

通过酸性的鹿沼土和酸性未调整的泥煤苔使土壤变为酸性。

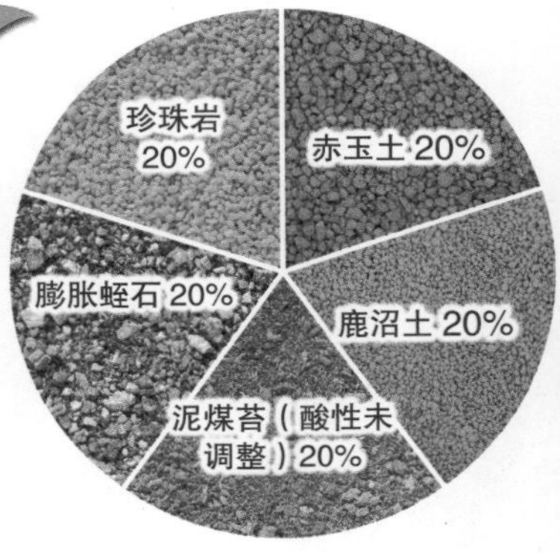

仙人掌、多肉植物用

要点

为了改善排水，配入了烟熏稻壳。

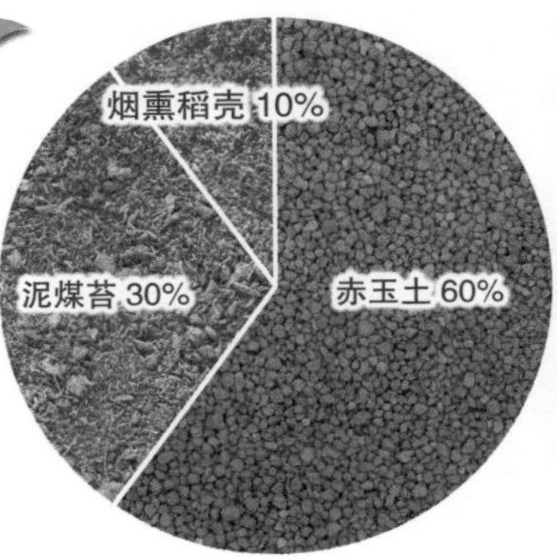

树木用

要点

为了牢牢地支撑树木根系，配入了大量的赤玉土，以增加土壤重量。

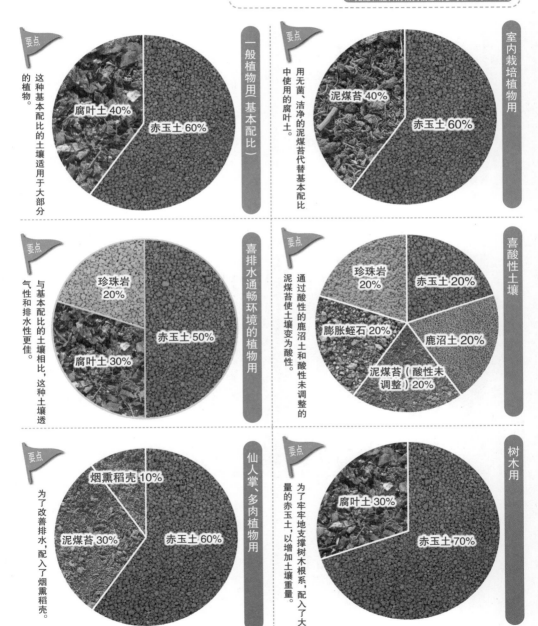

土壤与肥料 为植物补充养分的肥料

准备元肥用肥料和追肥用肥料

对于植物而言，肥料就是能给予它们生根、开花、叶茂肥料力量的营养剂。让我们准备好元肥用肥料和追肥用肥料2种肥料吧。所谓的『元肥』，就是在种下植物之前事先混合在土壤中的肥料；而『追肥』就是配合植物的生长发育追加施用的肥料。

根据形态的不同，肥料又分为固体肥料和液体肥料等。另外，根据生效速度的不同，又分为缓释肥料、速效肥料等。固体肥料中有元肥用、追肥用、兼用肥料等类型；而液体肥料一般作为追肥用肥料，有用水稀释后使用、原液直接使用等类型。

选择时，应找一般植物都适用的『混配肥料』和『化学肥料』，重点在于确认外包装是缓释肥料（或元肥用肥料），还是速效肥料（或追肥用肥料）。不清楚的时候无须顾虑，多向专业人士请教。

肥料 3 要素

植物生长发育所需的营养成分（植物的必备要素）一共有17种。其中氮（N）、磷（P）、钾（K），是与植物生长息息相关的营养成分，所以也被称为“肥料3要素”。因为在肥料的外包装上会标明这些营养成分的比例，所以可以按照需求使用。

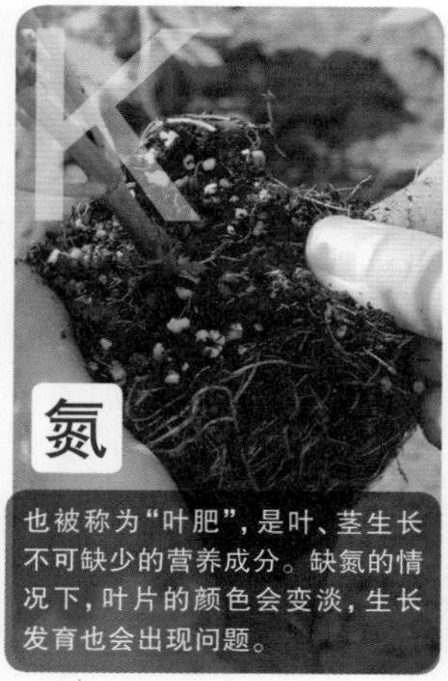

也被称为“叶肥”，是叶、茎生长不可缺少的营养成分。缺氮的情况下，叶片的颜色会变淡，生长发育也会出现问题。

也被称为“花肥”“果实肥”，是促进开花结果的营养成分。缺磷的情况下，花和果实就会变少，叶子就会变小。

也被称为“根肥”，是促进根茎茁壮生长的营养成分。在缺钾的情况下，植物对环境变化、病虫害的抵抗力就会变弱。

钙和镁也很重要

Ca 钙

促进根系生长发育，改善土壤酸度。

Mg 镁

促进磷的吸收和光合作用。

※ 土壤酸度：培育植物的土壤的酸度。用pH表示，多数植物适合在弱酸性（pH为5.5~6.5）的土壤中培育。

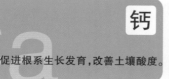

肥料种类

有机肥料和无机肥料

根据原料的不同，肥料被分为“有机肥料”和“无机肥料”，其效果也各有不同。

种类	有机肥料	无机肥料（化学肥料）
原料	以油渣饼、草木灰等有机物为原料	以无机物质为原料，经过化学处理制成
效果及特征	缓释性 效果稳定、持久 施肥过多也几乎不必担心会对根系造成伤害	缓释性、速效性 效果立竿见影但无法持续 若施肥过多，肥料会伤害根系，导致植株枯萎

*也有中和了有机肥料和无机肥料的肥料。这种肥料有着见效快又持久的特征。

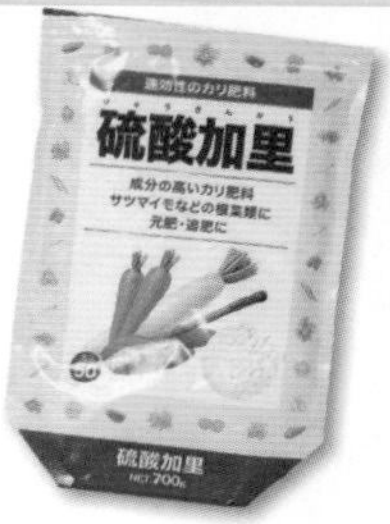

单质肥料与复合肥料

只含有一种成分的肥料就是单质肥料，而含有两种以上成分的肥料则被称为复合肥料。

单质肥料

是无机肥料的一种，只含有肥料3要素中的一种要素。

复合肥料

含有肥料3要素中的2种以上要素。根据有机肥料、单质肥料、无机肥料等不同的组合方式，可以分为化学肥料和混配肥料。

化学肥料

由数种肥料经化学合成制出的肥料。

混配肥料

由数种肥料不经化学合成，而是根据使用目的混合而成的肥料。

专栏

如何选择适合制作组合盆栽的幼苗

如果只从市场里陈列的同种类幼苗中选择一株，要根据什么标准来选择呢？千万别忘记“适合用于制作组合盆栽的幼苗”这一原则，一起培养能找到优质幼苗的好眼光吧。

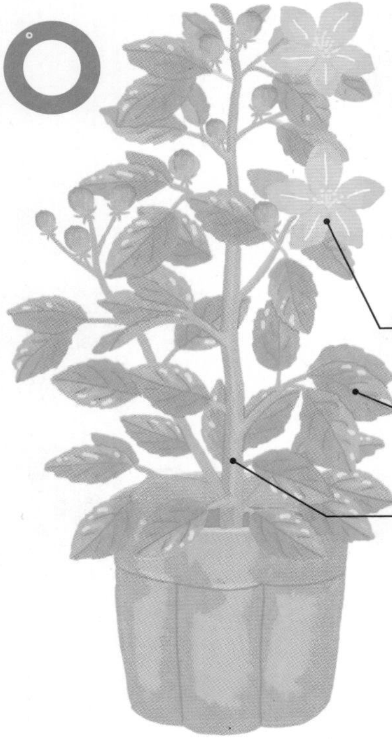

充满生命力的幼苗

花
- 有很多刚开的新鲜花朵，以及含苞待放的花蕾。

叶
- 颜色、有厚度、有光泽。

茎
- 粗大、关节（节与节之间）紧凑。
- 整体很结实。

整体虚弱的幼苗

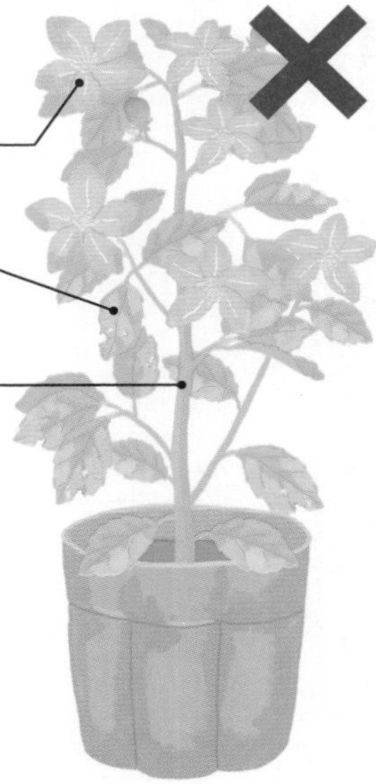

花
- 有很多快凋谢的花朵，花蕾数量少。

叶
- 变色，有较多枯萎的叶片。
- 叶片上有虫洞。

茎
- 延细、松弛。
- 根系摇晃。

要点！ 适合制作组合盆栽的幼苗

比起整体植株小巧的幼苗，整体舒展的幼苗更容易表现立体感和跃动感。关注花叶的伸展方向、左右分布状态，根据想象的作品的完成图来选择幼苗吧。

第二部分

制作组合盆栽的基本方法

本部分将介绍通过植物的色彩搭配来表现组合盆栽主题的方法。
总的来说，本部分将讲解如何选择配色、基本风格、
如何种植幼苗和组合盆栽的种植步骤，
以及在吊篮中制作组合盆栽和
插花式组合盆栽的制作方法等内容。

柔和或强烈、温暖或冰冷，不同的颜色会给人不同的印象。在组合盆栽制作中，花叶的颜色是重要的表现工具。请参考色环，选择与设想的主题相衬的颜色吧。

用色彩体现氛围

一起享受色彩搭配的乐趣吧

先选择一种符合设想的植物，然后寻找和这种植物颜色相配的植物吧。比如，寻找和该种植物相同颜色的植物（同色系），或者比该种植物颜色更深或更浅的植物（渐变），又或者试着寻找和该种植物颜色完全不同的植物。

不过，在寻找完全不同色的植物时，会出现整体色调无法统一的情况，这时只要参考色环（下图）进行选择即可。红色的对侧是绿色，蓝色的对侧是橙色，这样相对的颜色被称为互补色（补色）。想突出最开始选择的植物时，大量使用互补色的植物会产生很好的效果。

另外，在寻找植物时，不仅要关注颜色，也别忘了关注植株的高度（请参考第2页、第34页）。

色环

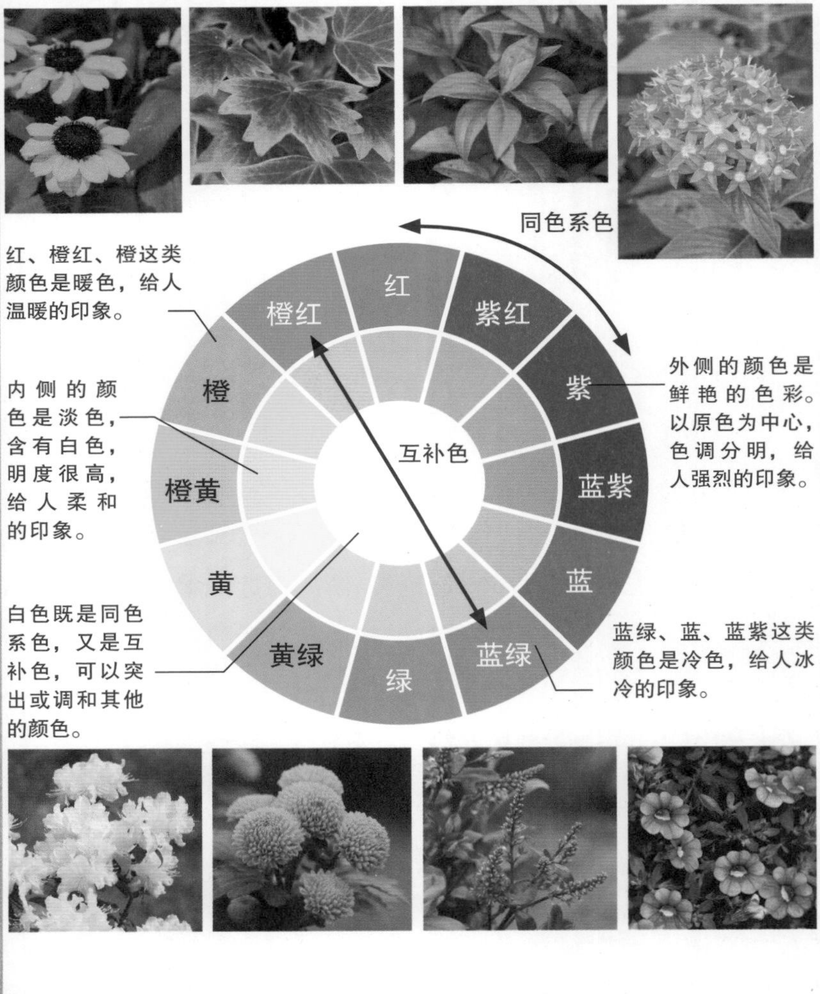
同色系色
红、橙红、橙这类颜色是暖色，给人温暖的印象。
内侧的颜色是淡色，含有白色，明度很高，给人柔和的印象。
白色既是同色系色，又是互补色，可以突出或调和其他的颜色。
外侧的颜色是鲜艳的色彩。以原色为中心，色调分明，给人强烈的印象。
蓝绿、蓝、蓝紫这类颜色是冷色，给人冰冷的印象。
红
紫红
紫
蓝紫
蓝
蓝绿
绿
黄绿
黄
橙黄
橙
橙红
互补色

要点小课堂

颜色的偏好因人而异。我喜欢运用轻飘飘的、柔和的颜色。以下介绍的作品，虽然不是刻意按照『同色系色』或『互补色』等搭配原则进行创作的，但也许能为读者的颜色运用提供一些参考。

将喜欢的颜色组合在一起

色彩搭配案例

淡色 紫色＋蓝紫色

制作方法请参考第49页

用淡紫色进行了搭配。
加入了银色的叶子（银叶），从视觉上起到整体收紧的效果。

互补色 红色＋绿色

制作方法请参考第75页

红花衬托绿叶，加上黄色斑纹的叶片，能够协调整体的颜色。

同色系色 红色＋红色＋银色

制作方法请参考第60页

淡淡的红色与鲜艳的红色组合在一起，再加上银叶，能起到调和整体的作用。

鲜艳的颜色 红色＋蓝色＋绿色

制作方法请参考第58页

色彩鲜艳且有动感的组合。
加入淡红色和绿色，能压住整体的色调。

用造型体现氛围

3层次制造高低差

如第2页介绍的那样，在高、中、低3个层次上制造高低差，就可以打造出具有立体感的组合盆栽。此外，延伸感和纵深感也是很重要的要素。要点在于：①从正面看时，能看到所有的植物；②使其左右不对称；③使其向上、向外伸展；④往后方搭配植物，而不是在中间，制造纵深感（打造纵深感的技巧请参考第42页）；⑤用植株较低的植物遮住容器的边缘，可以制造出容器和植物融为一体的感觉。另外，种植时也不要忘记留出植物生长的空间。因为随着时间的流逝，植物会生根发芽、伸展枝条，展现出与刚完成时不同的、自然的美。

要点小课堂

进行组合盆栽制作时，应经常带着『空间延伸』的意识进行栽种。从植株高的植物和主要种植的植物出发，就能找到其他植物适合的位置。

先确定组合盆栽的重点

以植株高的植物为重点时

向上伸展，打造延伸感。

制造出3层高低差。

如果右侧安排的花量多，左侧就留白，使左右不对称。

种植时让花茎的前端朝正面（下垂）。

选择适合植株高度的容器。

用后侧的植物打造纵深感。

随着时间的流逝，花枝长开后，延伸感会更强。

〔植物〕
花毛茛、长阶花、香雪球、香雪球“超级雪球”、薹草

植株高度和容器尺寸的平衡搭配请参考第38页

制作组合盆栽没有什么特别的诀窍，只要把握立体感、延伸感和纵深感这3个关键词就可以了。如果你能成功改造一个原本没有任何植物的空间的话，那你的制作组合盆栽技术就算学成了。来吧，快来试试吧！

外观的直觉

主要的植物，要种在容器中间偏后的位置。同时，周围装饰的植物要朝正面倾斜15度种植，以打造立体感。在底部种植多株植物时，要把植物相互连接在一起，这一点很重要。

作品请参考第12页

垂直地种植时，看不出植物的姿态。

朝正面倾斜种植的话，就能使植物姿态丰富、具有立体感。

两种植物左右对称进行种植。

把两种植物混在一起种，就能打造出植物相互连接的融合感。

以横向生长的植物为重点时

横向生长的植物整体植株较小巧，应选择整体舒展、有动感的植物。

下方通过下垂的植物打造立体感。

不时将枝条交织在一起，制造融合感。

选择适合植株高度的容器。

随着时间的流逝，花叶会更加自然地交织在一起。

〔植物〕
法国薰衣草、金钱草“波斯巧克力”

以植株低的植物为重点时

把重点植物种在容器中心略靠左（或靠右）的位置，使其左右不对称。

用植株低的植物制造高低差。

植株朝向容器外，打造延伸感。

利用下垂的植物打造立体感。

选择适合植株高度的容器。

花一朵接一朵地盛放，变得热闹非凡。

〔植物〕
蓝眼菊、大戟、长阶花、野芝麻

如何种植幼苗

如果把买回来的植苗直接种在容器里，是打造不出美丽的盆景的。要先去掉受损的花、叶，去除根块的脏污和多余的土壤，才能开始种植。也请记住在狭小的空间中种植的技巧。

确定植苗的正面　去除根部多余的土块

清除多余的土壤

集齐用于制作组合盆栽的植苗后，就要弄清楚植苗从哪个方向看起来更立体。比较一下，朝向和枝条的伸展方向，决定各株植苗的朝向，在容器外先临时放置（请参考第39页）。

在栽种前，要仔细清理植苗。清除残朵和枯叶，清理掉植苗上不必要的茎叶，使其通风良好。接下来从罐子中取出植苗，将根块表面的杂草和苔藓割掉。这时，去除根块“肩部”的土壤是很重要的。根块变小了，容器中栽种其他植苗的空间就变大了。把根块弄得再小一点，也可以将多余的根去除。

*植物的根是敏感的。在熟悉植苗处理方法前尽量不要触碰植物根系。

决定植苗的正面朝向

轻轻甩动植苗，使其舒展开来，又能看到植苗不同的姿态。转动一下植苗，更换角度，寻找能让花朵聚集或让植苗看起来更立体的位置，以此决定植苗的正面朝向吧。

买回的植苗。

轻轻甩动后舒展开来，体积变大了。

看起来很平整。

改变角度后变得立体。

分株

如果一个罐子里有数株植苗，就要把植苗一株株分开，注意不要弄伤植苗的根系。去除多余的土壤后，轻握根块调整形状。

将手指插进植苗的分界处。

轻轻地分开植苗，注意不要弄断根系。

去除根块“肩部”的土壤

在种植前，要把根块“肩部”的土壤割掉。去除多余的土壤后，根块会变得紧凑起来，种植植苗时也会更容易调整角度。

去除根块“肩部”（也就是上方像角一样的部分）的土壤，注意不要伤到植物根系。

从罐子中取出植苗

如果根块碎了，根系就会受伤，种植会变得很困难，所以取出植苗时要非常小心。

用手指按压罐子的地步，握住植苗根部，取出植苗。

*根块的土壤很松软时，用食指和中指夹住植株根部反向取出，轻握根块调整形状。另外，如果根块的土壤太干，要用喷雾瓶喷洒雾状的水为其适当加湿，然后再取出。

要点小课堂

在容器和植苗间、植苗和植苗间的狭小空间里种植时，更要把根块弄得小一点。但是，如果过度接触根块，会对根块造成严重的损伤。不同植物的情况有所不同，但一般来说在植物生长发育茂盛的春初和秋季更适合处理根部。对于落叶植物而言合适的时间是2月到3月初，仅限于新叶发芽前的休眠期。在开花期或生长衰败的冬天，绝对不要随便处理根部。而根块底部变成褐色的枯萎根系，任何时候都可以去除。

改变根块的形状

用喷雾瓶喷洒雾状的水弄湿根块，根据容器中可栽种的空间来调整根块的形状。要点在于要将其轻柔地握住，就像捏饭团一样。

遇到容器边缘，空余位置的形状比较平扁时，用手掌夹住根块将其轻轻压碎。

冲洗根块，使其变小

如果担心伤到根系，可以用水冲刷根块，把多余的土壤冲下来。

轻握根块进行调整。

根据栽种空间调整根块的形状。

细长的空间也能正好放下。

把根块弄小

从根块底部翻出土壤。适当松动根块，可以让根系更容易修整。

把底部褐色的根系和土壤一起去除。

如果底部有缠绕的白色根系，在确认植苗的状态良好后可以去除，注意不要弄伤上面的根系。

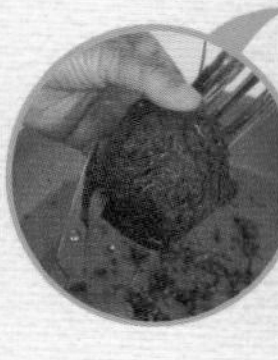

如果根系很硬，可以用剪刀插入根系，适当松动根系，并去除中间的土壤。

从罐子中取出的植苗（上图左）及去掉多余土壤、根系后根块变小的植苗（上图右）。

确认植苗的状态再处理根部

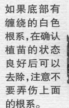

组合盆栽的种植步骤

终于要开始种植了。把临时放置的植苗一株株取出，种入容器。每种好一株，就从稍远的地方观察盆栽，一边确定整体的平衡，一边进行种植。

想象着成品样子来种植

开始种植前，从罐子中取出植苗

在工作前需要准备好容器和工具，想象着完成后的样子，把植苗临时放置在容器外。开始种植前，从罐子中取出植苗，清理好根块，去除多余的土壤。如果根块太干，要用喷雾瓶喷洒雾状的水使其适当湿润。完成后的组合盆栽，要在避开日晒雨淋的地方放置1~2天，等其适应后再装饰到固定的场所。

在容器里铺上盆底网（请参考第39页的第3步），放入盆底石（请参考第39页第4步），把植株的根块上缘调整到水区的位置，填入土壤（请参考第39页第7步），种植时保证土壤上部平坦。

要点小课堂

植物与容器的平衡搭配

制作组合盆栽时，植物和容器的平衡搭配非常重要。如果植物的量对于容器而言过多或过少，费尽心思做出的组合盆栽就会不好看。如果不确定容器的大小，可以试着用绳子测量。与容器相平衡的植物的植株长度=（容器的直径+容器的高度）×1.5~2。

1 用绳子量一下容器的直径，用手指按住做标记。

2 从手指按住的位置开始到容器底部，拉直绳子（直径+高度）。

3 把绳子拉长至第2步测量长度的1.5~2倍，可确认与容器相平衡的植物的植株长度。

4 用第3步的绳子量一下要使用的植物中最高的植株，进行确认。这时，在容器里塞上毛巾，再放入植物，也就是算上水区※来测量，最后的效果会更好。

颇具立体感的组合盆栽。

※水区：从容器边缘到土壤上部的空间，也就是浇水时会有短暂积水的区域。

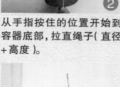

种植的基本步骤

1 准备好容器、要使用的植物、工具和器材。

2 想象着完成后的样子，试着组合植物。

3 在容器里铺上盆底网。

4 在容器中放入能遮住底部的盆底石。

5 如果栽培土中没有加入元肥，可以按照每升栽培土3~4克的比例加入缓释肥料，轻轻混合。

6 加入栽培土到容器高度的1/3处。

7 把植株最高的植物（斑叶芒）的根块上缘调整到容器边缘向下1~2厘米（水区）的位置，填入土壤。

8 从植株最高的植物开始种植。从罐子中取出斑叶芒，去除根块“肩部”的土壤，使根块变小。

9 把第8步中处理好的植物种在容器中心略靠后的位置。

10 修整秋牡丹的根块，将其种在第9步植物的左前方。种植时使秋牡丹稍向前倾，制造立体感。

11 修整野甘菊的根块，将其种在第9步植物的右前方。

12 修整圆扇八宝的根块，将其种在第10步和第11步植物的前方。种植时注意遮住容器的边缘，可以制造容器和植物的融洽感。

13 修整紫茎泽兰的根块，种在第11步植物的后方，打造纵深感。

14 向容器和根块间的空隙，以及根块和根块间的空隙中填土。这时要注意不要把土弄到花、叶上。

15 一边调整植物的朝向，一边用一次性筷子压实土壤。

16 拨开弄到植物上的土，解开缠绕的茎，调整好形状。

17 用卸下喷头的喷壶浇水，直至盆底有水流出。

植物

斑叶芒

禾本科

耐寒多年生植物

观赏期:5~11月

秋牡丹

毛茛科

耐寒多年生植物

观赏期:

9月中旬～10月

野甘菊

菊科

耐寒多年生植物

花期:8~10月

圆扇八宝

景天科

耐寒多年生植物

花期:10月

紫茎泽兰

菊科

耐寒多年生植物

花期:8～10月

要点小课堂

就像第40页的第13步一样，在左侧或右侧的植物后方加上别的植物，可以打造出纵深感，使作品更加完整。虽然看上去没什么变化，但是随着时间的推移，后方植物的存在感会慢慢强烈起来。重点在于，不要认为种下去就完成了，而是要带着前瞻的目光去下功夫。推荐使用会在风中摇曳的草本类植物（主要观赏叶子的颜色和形状）。

打造纵深感的技巧

打破平衡

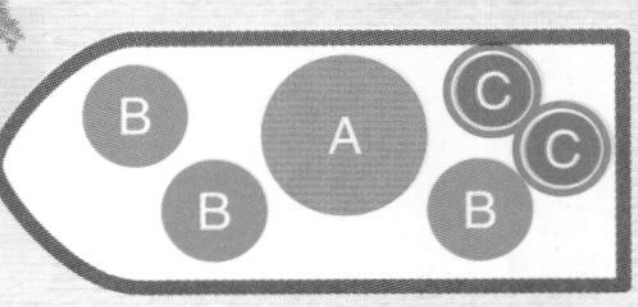

虽然左右对称的植物比较稳定，但稍微打破一点平衡，作品的姿态会更丰富，魅力也更盛。

笔直中加入曲线

笔直的东西有一种机械美。尝试在这之中加入曲线，增加整体的柔软感和柔韧感吧。

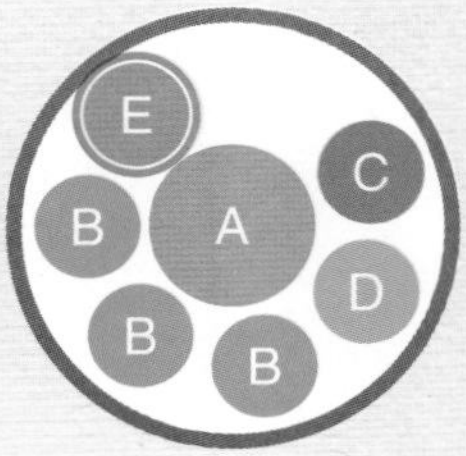

强势中加入柔和

这盆组合盆栽给人的印象是，浅绿的叶片柔和地支撑着深绿的叶片。不时将其他植苗的株高修整得低一些，以免妨碍马兰的叶子生长。

在微风中摇曳

巧克力秋英和猫须草都会在微风中有趣地摇摆。在这之中，再加上摇曳的草类植物，让人仿佛在风中小径上漫步。

A巧克力秋英 B猫须草

C薹草

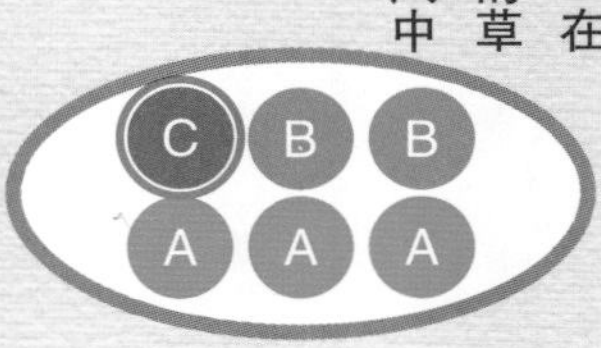

收紧节奏

加入叶片是红色的络石，其浓重的色调会给整体收紧的感觉。顺便提一句，塑造整体节奏的数珠珊瑚，其株高是『（容器的直径+容器的高度）×1.5~2』

增强季节感

在有秋日感的作品中加入斑叶芒，秋味更浓。斑叶芒的植株较小，切除根部会使植株虚弱，所以只需要清除根块上多余的土壤，轻握后即可种植。

E 斑叶芒

A 小叶紫珠
B 斑叶泽兰
C 五色苋
D 茜草科“大理石女王”

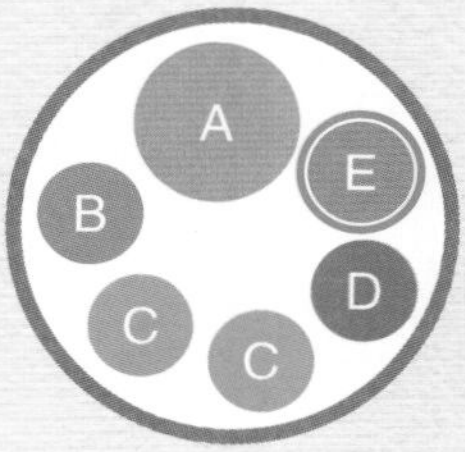

用吊篮制作组合盆栽

吊篮，是用于把植物种植在其中，挂在墙壁或杆子上，装饰高处的位置或空间的容器。一起用这种容器制作出『吊篮风格』的组合盆栽吧。

铁丝吊篮的应用

在内侧铺上塑料袋，防止干燥

一般来说，吊篮会选用塑料或铁丝作为原材料，吊篮中填入的土壤则多使用包括泥煤苔在内的专用土壤，以追求轻巧。吊篮种植需要一定的技巧，并且因为盆栽易干燥、浇水费时间，只能栽种耐干燥的植物等诸多的原因，对于园艺初学者来说，吊篮种植的难度可能有点大。

在这里要给大家推荐的是『吊篮风格』的组合盆栽。在容器内侧铺上塑料袋，防止盆栽干燥，这样一来，在植物选择方面就没了限制。虽然不能挂在墙壁上，但用来制造气氛也足够了。

要点小课堂

塑料袋的妙用

这次使用的容器，是铺了棕榈皮的铁丝吊篮。因为内侧铺上了塑料袋之类的塑料薄膜，所以可以防止土壤渗漏或干燥，浇水也变得轻松很多。

1 在内侧铺上塑料袋。

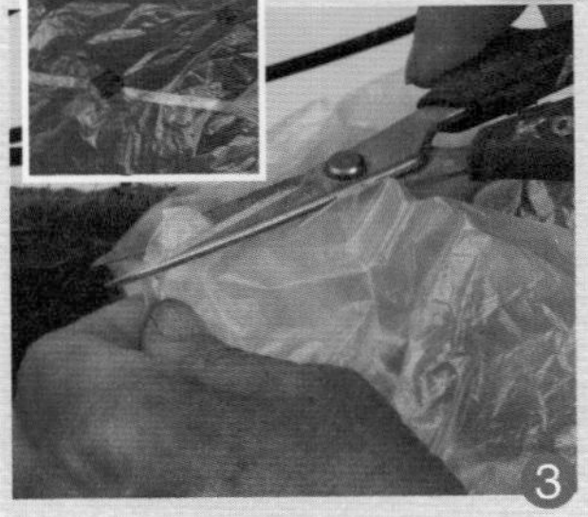

3 在塑料袋的底部开5~6个直径1厘米左右的排水孔。操作方法是用手指捏住塑料袋，用剪刀剪开前部。

2 沿高于容器3~5厘米处修剪塑料袋。

4 准备完成。在种植结束后将塑料袋露出的部分折进内侧藏好。

菊花花篮

棕榈皮很柔软，太用力的话容易变形。填土的时候要注意控制力量。因为紫花南庭芥很怕闷湿，所以很适合吊篮种植。

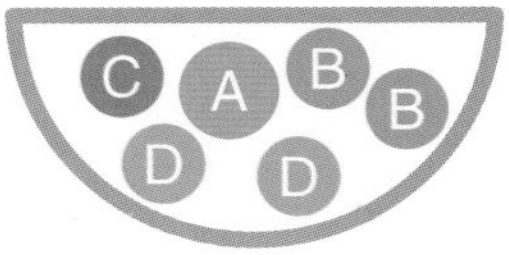

A 重瓣蓝眼菊
B 银叶爱莎木
C 冰锥蜡菊
D 紫花南庭芥

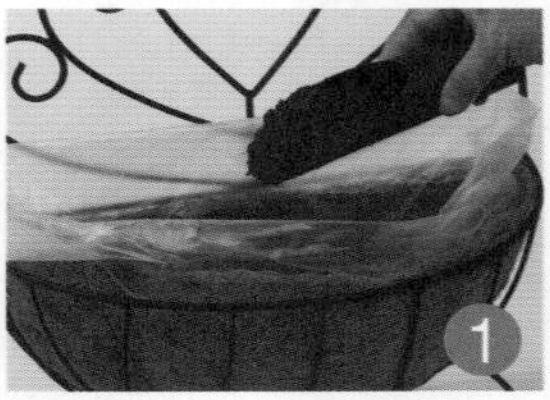

加入混合了元肥的栽培土，到容器高度的1/3处。（因为容器较浅，所以不放盆底石。）

把重瓣蓝眼菊的根块弄小，然后放进容器的中央，种植时略向前倾斜。

把银叶爱莎木种在重瓣蓝眼菊的右后方，把冰锥蜡菊种在重瓣蓝眼菊的左后方，再把紫花南庭芥种在重瓣蓝眼菊的前方。

向容器和根块间的空隙，以及根块和根块间的空隙中填土，并用一次性筷子压实。

大量浇水，直至盆底有水流出。

花毛茛花篮

立式吊篮可以抬高视线，适合打造空间立体感。

A 花毛茛
B 樱花草
C 香雪球
D 报春花
E 金鱼草

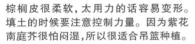

环状吊篮的应用

轻松制作花环

一起制作可以挂在门上或墙壁上，用以欣赏的花环吧。如果使用专门的容器，就能用鲜活的植物，而不是干花或假花装饰墙面了。

不是花季的时候，羽叶甘蓝可以用在多种搭配组合中。
〔植物〕仙客来3株、羽叶甘蓝3株、三色堇3株、蜂室花2株

制作的诀窍在于，准备好3株作为轴心的植物，并将其按照事先设计好的方式固定。原因在于，如果像画圆一样按顺序进行种植，最后会出现植苗多余，或者空间多余等情况。因此，应先种下作为轴心的植物，将接下来的植物种在旁边，后面的植物再种在旁边，像这样一边关注整体的平衡，一边进行种植。因为种植空间很小，所以要点在于要小心地去除根块『肩部』的土壤，去除不需要的土壤和根系，尽可能地缩小根块。种完后，不要马上把花环立起来，而应水平放置1~2天，使其生根牢固。因为在土壤少的情况下，盆栽很容易干燥，所以要用手指确认土壤的干燥情况。如果干的，就要浇水。

排水孔的开法

除了铁丝制品之外，还有用藤条等制成的吊篮。内侧铺有塑料袋的吊篮，必须要在种植前开好排水孔。铺了草皮和麻布的吊篮，可以直接种植植苗。不过为了防止土壤渗漏或干燥，还是推荐铺上塑料袋。

做法请参考第48页

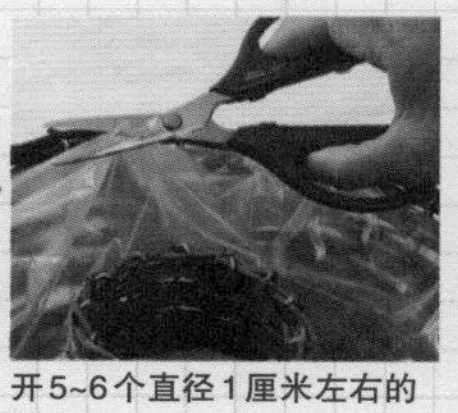

开5~6个直径1厘米左右的排水孔。

要点在于把根块弄小、弄薄

因为环状的容器可种植的空间很小，所以要尽可能地把根块弄小后种植。植苗的处理方式请参考第36页

清除根块"肩部"的土壤。必要的时候可以稍微松松土，去除多余的土壤和根。

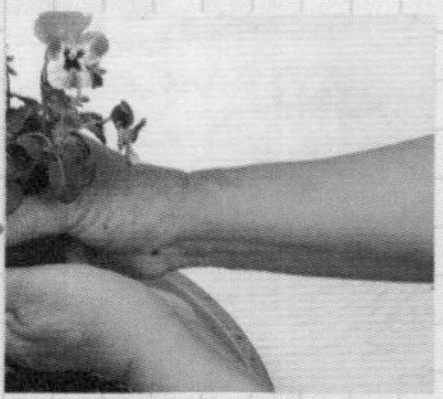

去除了多余的土壤和根后，可以轻轻按压根块使其变薄，这样会更容易种植。

冬日花环装饰

加入混合了元肥的栽培土，到容器高度的1/3处。（因为容器较浅，所以不放盆底石。）

把仙客来的根块弄小，然后种在容器中央略靠右的位置。

把羽叶甘蓝的根块缩小一半，均匀地分开种在3个地方。

把三色堇的根块缩小到原来的1/3~1/2，轻握以调整形状。

把第4步的三色堇分别种到每株羽叶甘蓝的旁边。

把鳞叶菊的根块缩小到原来的1/3~1/2，轻握以调整形状。

把第6步的鳞叶菊种在靠前的羽叶甘蓝前。剩下的两株，一株种在仙客来的右侧，一株种在靠后的羽叶甘蓝左侧。

向容器和根块间的空隙，以及根块和根块间的空隙中填土，并用一次性筷子压实。

大量浇水，直至盆底有水流出。将盆栽在地板上放置1~2天，等根系牢固了再移到需要装饰的位置。

A 仙客来
B 羽叶甘蓝
C 三色堇
D 鳞叶菊

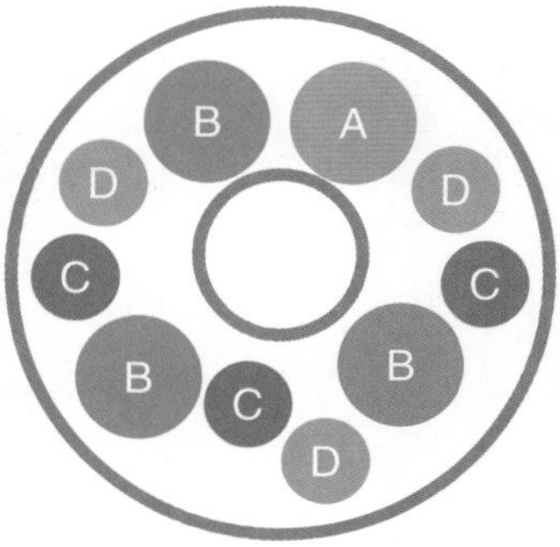

捏住仙客来的花茎，从根部拔去残朵。残朵残留会导致根部腐烂，一定要多加注意。此外，也要从根部除去羽叶甘蓝变色的叶片。

按照『主』『次』『亮点』来搭配植物

让植物发挥作用

插花（花道）有很多流派，各流派都有自己独特的插花方法。但基本上都是强调作为主角的植物（主体花）和起衬托作用的植物（辅助花），同时加入第三种保持平衡的植物（焦点花），并把它们完美调和，插入水盘等容器中。再加上连接这些空间的植物（补花）和遮住根的植物（整根花），完成度就更高了。

在制作组合盆栽中，如果将这些『主体花』『辅助花』『焦点花』『补花』『整根花』的作用和植物对应起来的话，植物的选择就会变得具体，还能打造组合盆栽必不可少的立体感、延伸感和纵深感。

这里要介绍的是名为『古贺流』的插花式组合盆栽。让我们借用插花的技巧，一起制作富有意趣的组合盆栽吧。

从和室开始的风景

让我们想象所谓『立真型』（注：真枝直立，是草月流插花的基本花形之一）的花形，一起进行种植吧。要点就在于把主体植物种在最中间的位置，打造出稳定的效果。

插花，朴素中也有深刻的韵味。让各种各样的植物各司其职，就会产生独特的『闲』和『寂』。让我们借用插花的技巧，一起制作富有意趣的组合盆栽吧。

种植步骤

1 准备好植物。

2 在盆里铺上盆底网，并放入能遮住底部的盆底石。

3 加入混合了元肥的栽培土，到容器高度的1/3处。

4 把作为主体花的无距耧斗菜的根块弄小，倾斜15度种在中间稍靠左后方的位置。将根块的上侧调整到容器边缘下方1~2厘米处，填入土壤。

5 把作为辅助花的无距耧斗菜种在主体花无距耧斗菜的左前方，种植时朝自己的左肩倾斜45度。把作为焦点花的青姬木种在右前方，种植时朝自己的右肩倾斜45度。

6 把作为补花的浙贝母种在主体花无距耧斗菜的前面。将另一株补花浙贝母种在辅助花无距耧斗菜的前面。

7 把作为补花的婆婆纳种在第6步的浙贝母的前面。

8 把作为整根花的四季堇种在焦点花青姬木的后方，制造纵深感。

9 向容器和根块间的空隙中填土。

10 用一次性筷子压实空隙中的土壤，再用手把表面压平。

11 大量浇水，直至盆底有水流出。

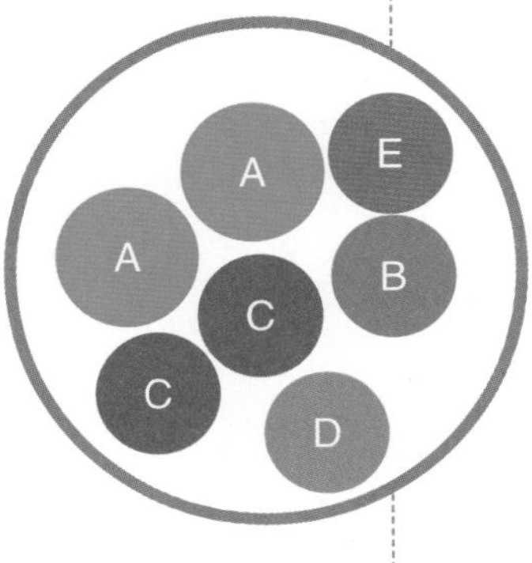

A 无距耧斗菜
B 青姬木
C 浙贝母
D 婆婆纳
E 四季堇

完成

春日笑颜

想象着插花中的“倾真型”(注:“真”枝低倾，由“立真型”演化而来，是草月流插花的基本花形之一)进行种植。要点在于把主体植物倾斜45度左右种下，大幅度的倾斜能制造立体感，同时把其他的植物配合着倾斜种在主体植物周围。

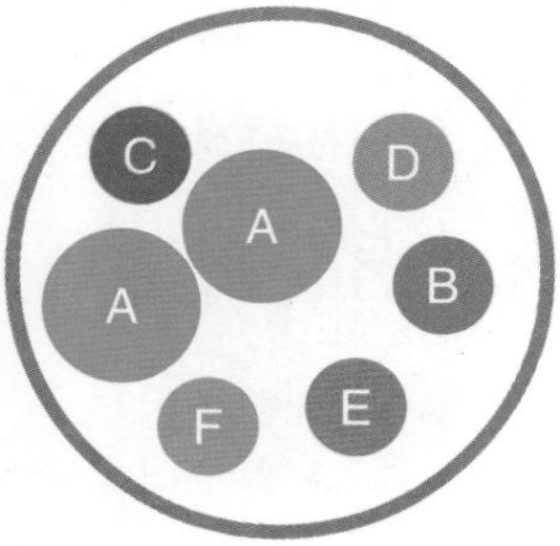

A木茼蒿
B白晶菊
C樱花草
D菊蒿
E美女樱
F野芝麻

种植步骤

1 准备好植物。

2 铺上盆底网。

3 往容器里放入能遮住底部的盆底石。

4 加入混好元肥的栽培土，到容器高度的1/3处。

5 把作为主体花的木茼蒿的根块弄小，向左倾斜45度种在中间稍靠左后方的位置。根块的上侧调整到容器边缘下方1~2厘米处，填入土壤。

6 把作为辅助花的木茼蒿，种在主体木茼蒿的左前方。植株高度调整为主体花木茼蒿高度的3/4左右。把作为焦点花的白晶菊种在右前方，种植时向右倾斜75度。

7 把作为补花的樱花草种在辅助花木茼蒿的后面。

8 把作为补花的菊蒿种在白晶菊的后面。

9 把作为补花的美女樱种在焦点花白晶菊的左前方。

10 把作为整根花的野芝麻种在美女樱的左侧，遮住容器的边缘。

11 向容器和根块间的空隙中填土。

12 用一次性筷子压实空隙中的土壤，再用手把表面压平。

13 大量浇水，直至盆底有水流出。

完成

专栏

值得推荐的组合盆栽制作笔记

开始种植工作时，要先构建起植物组合完成的画面。这时，记下简单的布局图即可。要明确“主体花”“辅助花”“焦点花”“补花”“整根花”的角色分配。

完成后，除了记下日期、植物名（品种名）之外，还要画上完成后的草图。记录好追肥（请参考第 117 页）和更换植株（请参考第 120 页）的工作日程等，以便为之后的作品制作和管理提供参考。把植苗上的标签和完成后的照片一起存档，原创的作品“食谱”就大功告成了。

第 138 页和第 139 页提供了可以复印使用的“组合盆栽制作笔记”，大家可以灵活使用。

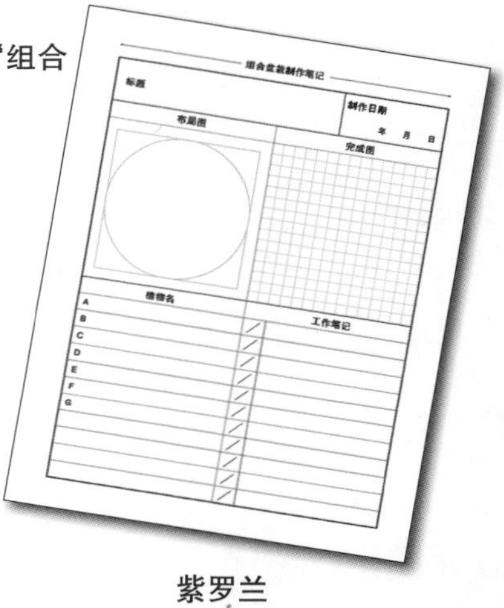
组合盆栽制作笔记
标题
制作日期 年 月 日
布局图
完成图
植物名
工作笔记
A
B
C
D
E
F
G

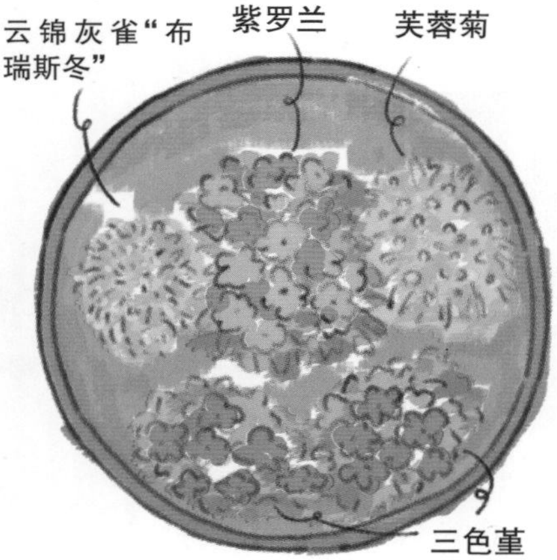

布局图

俯视图。粗略地记下容器的哪个位置种了什么。像第 42 页开始提供的“布局图”一样的笔记，或者像上图一样详细的图都是可以的。

完成图

正视图。着眼于高度、宽度和整体平衡，试着进行绘制。别忘了记录植物名。

第三部分

植物的色彩搭配案例

了解了制作组合盆栽的基本原则和工作流程后，
接下来就开始实际制作作品吧。
本章是植物的色彩、容器搭配的案例集。
请参考本章，制作你心中所想的组合盆栽吧。

制作花篮型组合盆栽的诀窍在于，为了让植物在把手部分自然地露出，可以让欧洲银莲花的花茎自然地穿过把手，使其看起来更饱满。

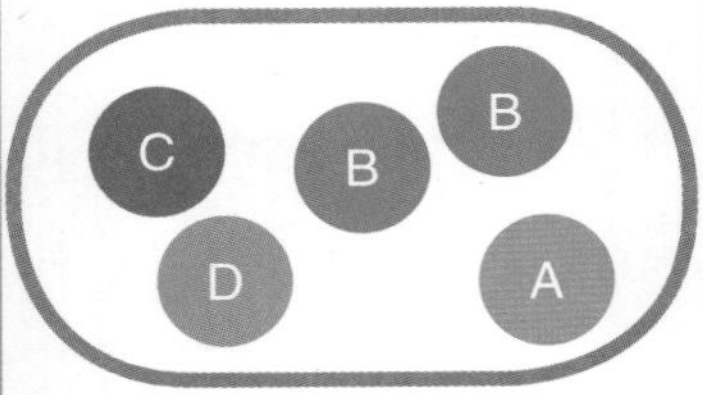

A 美女樱
B 欧洲银莲花
C 蜂室花
D 野芝麻

种植步骤

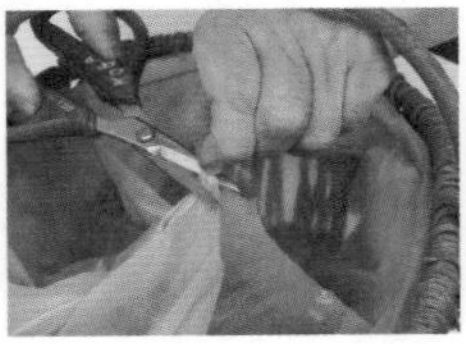

① 在花篮内侧铺上塑料袋，开3~4个直径1厘米左右的排水孔。（不需要盆底网和盆底石。）

② 加入混好元肥的栽培土，到容器高度的1/3处。把美女樱的根块弄小种在花篮的右侧。

③ 把两株欧洲银莲花种在美女樱的左后方。将野芝麻种在容器的左侧，将蜂室花种在最后方，遮住容器的边缘。

④ 向容器和根块间的空隙中填土，并用一次性筷子压实，把表面压平。大量浇水，直至篮底有水流出。

太阳的光辉

花毛茛的特征是花瓣有光泽。花色和同色系的彩叶一致，给人一种统一感。

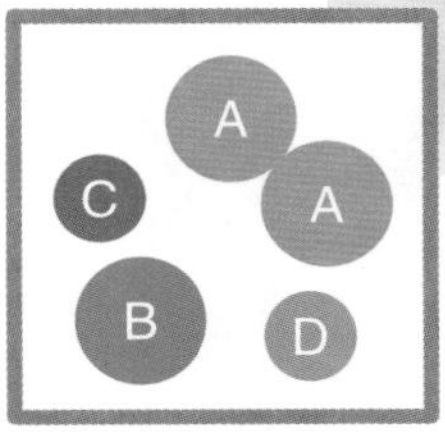

A 花毛茛
B 蓝眼菊
C 大戟
D 矾根

种植步骤

1 铺上盆底网，向容器中放入能遮住底部的盆底石。

2 加入混入元肥的栽培土，到容器高度的1/3处。把花毛茛的根块上侧调整到容器边缘下方1~2厘米处。

3 把两株花毛茛的根块分别弄小，使其看起来像一株一样。

4 把蓝眼菊种在容器的左边，稍向容器外倾斜。

5 把大戟种在第4步蓝眼菊的后侧，把矾根种在容器的右侧，遮住容器的边缘。

6 向容器和根块间的空隙中填土，并用一次性筷子压实，把表面压平。

7 大量浇水，直至盆底有水流出。

花束礼物

因为容器是像花束一样的形状，所以打造出了花束的风格。由于种植空间狭窄，除去植物根块多余的土壤时不要弄伤根部，还要尽可能把根块弄小。

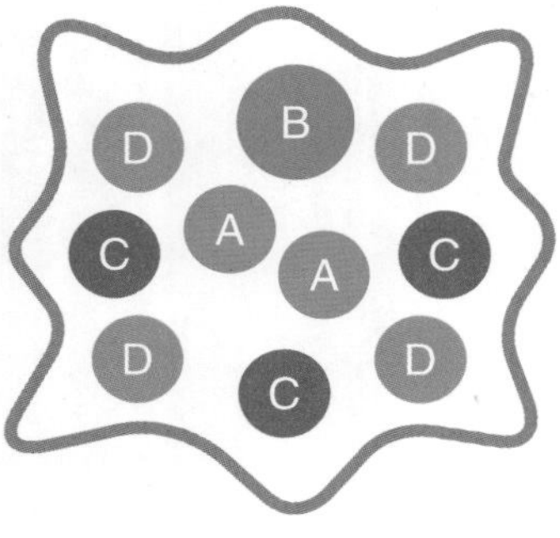

A 蓝眼菊
B 波罗尼花
C 樱茅
D 鳞叶菊

种植步骤

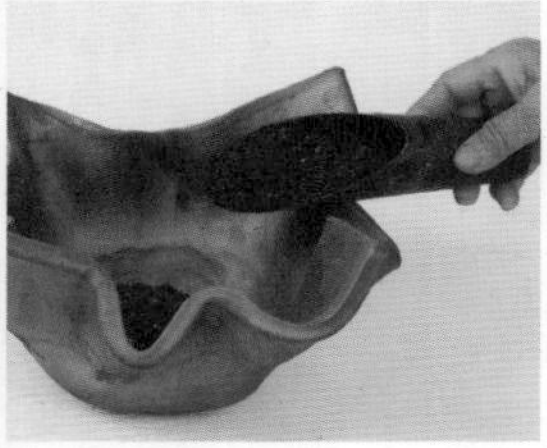

① 铺上盆底网，向容器中放入能遮住底部的盆底石。加入混入好元肥的栽培土，到容器高度的1/3处。

② 把两株蓝眼菊的根块分别弄小，种在容器的中央，再把波罗尼花种在蓝眼菊的后面。

③ 把3株樱茅分别种在容器的正前方、左侧和右侧，再把4株鳞叶菊分别种在左右两株樱茅的前后。

④ 向容器和根块间的空隙中填土，并用一次性筷子压实。大量浇水，直至盆底有水流出。

种植步骤

1. 铺上盆底网，向容器中放入能遮住底部的盆底石。
2. 加入混入元肥的栽培土，到容器高度的1/3处。
3. 把1株百日草的根块弄小，调整根块上侧到容器边缘下方1~2厘米处，种在容器的左后方。
4. 把2株朱唇种在第3步百日草的右后方。
5. 把2株百日草分别种在容器正前方和右侧，也就是在第3步百日草的前面，种植时应遮住容器的边缘。
6. 把帚石南种在容器的左侧，种植时将植株摆成要从容器中探出的姿态。
7. 向容器和根块间的空隙中填土，并用一次性筷子压实，把表面压平。
8. 大量浇水，直至盆底有水流出。

享受夏日

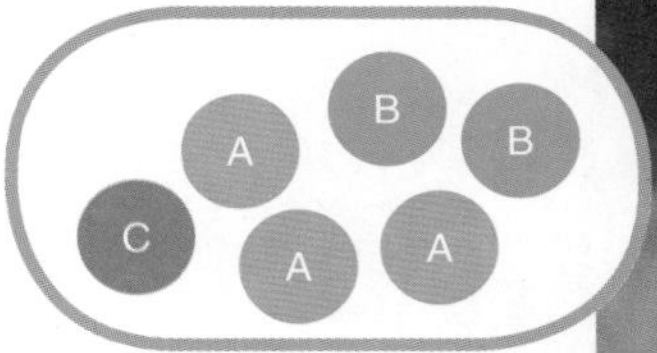

A 丰花百日草
B 朱唇
C 帚石南

因为使用了马口铁材质的容器，而马口铁在夏天容易变热，所以盆栽适合放在太阳晒不到的地方观赏。如果能仔细地摘除残朵，腋芽就能生长，花朵就会一朵接一朵地盛放。

白色花园

种植步骤

❶ 铺上盆底网，向容器中放入能遮住底部的盆底石。加入混入元肥的栽培土，到容器高度的1/3处。

❷ 把洋地黄的根块弄小，种在容器中稍微靠后的位置。如果它的叶片过于茂盛，就需要进行适当修剪。

❸ 把大花奥莱芹种在容器的右侧，银叶百脉根种在容器的左前侧，而圆扇八宝则种在容器正前方，种植时应遮住容器的边缘。

❹ 把矾根种在银叶百脉根的后方，制造出立体感。

❺ 向容器和根块间的空隙中填土，并用一次性筷子压实，把表面压平。

❻ 大量浇水，直至盆底有水流出。

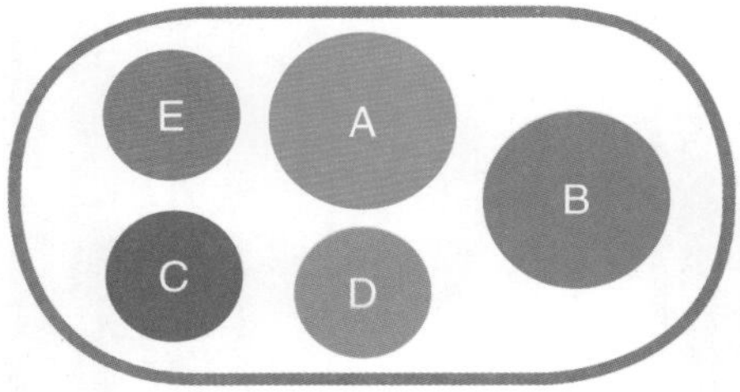

A 洋地黄
B 大花奥莱芹
C 银叶百脉根
D 圆扇八宝
E 矾根

白花搭配银叶，容器也统一成白色。盛放的洋地黄，加上大花奥莱芹和银叶百脉根，制造出动感。运用圆扇八宝打造立体感，同时束紧盆栽底部。

小小的白色花园

早春的小庭院

如果盆栽左右对称，作品就失去了动感。
要点在于要制造樱花草和龙面花之间的高低差。

A 樱花草
B 龙面花
C 蓝眼菊
D 冰锥蜡菊
E 金丝桃

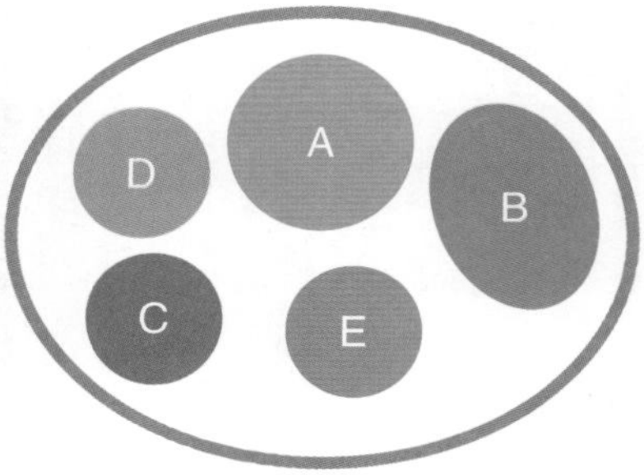

柔和色调

种植步骤

1 铺上盆底网，向容器中放入能遮住底部的盆底石。加入混入元肥的栽培土，到容器高度的1/3处。

2 把樱花草的根块弄小，种在容器中稍稍靠后的位置。

3 把龙面花的根块弄小，稍微松松根块，种在容器的右侧。

4 把蓝眼菊种在容器前右稍靠左的位置，种植时把植株摆成要从容器中探出的姿态。

5 把冰锥蜡菊种在蓝眼菊的后面，再把金丝桃种在容器的正前方，遮住容器的边缘。

6 向容器和根块间的空隙中填土。大量浇水，直至盆底有水流出。

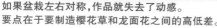

冬日妖精

形状优美的植物十分显眼。考虑搭配组合时，要选用不太起眼的花和小叶片等衬托作为主角的植物。

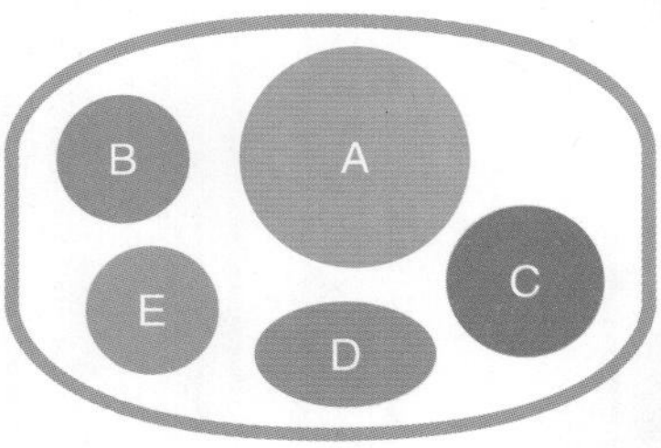

A 铁筷子
B 惠利氏黄水枝
C 报春花
D 老鹳草“射击蓝”
E 金丝桃

打造典雅意境

种植步骤

① 铺上盆底网，向容器中放入能遮住底部的盆底石。把铁筷子的根块弄小，调整根块上侧到容器边缘下方1~2厘米处进行种植。

② 把惠利氏黄水枝种在容器的左后方。

③ 把报春花种在容器的右侧，老鹳草种在容器的左侧，再把金丝桃种在容器的正前方。种植时注意保持各种植株间的空间连续感。

④ 向容器和根块间的空隙中填土。大量浇水，直至盆底有水流出。

种植步骤

❶ 铺上盆底网，向容器中放入能遮住底部的盆底石。加入混入元肥的栽培土，到容器高度的1/3处。

❷ 把铁筷子的根块弄小，调整根块上侧到容器边缘下方1~2厘米处，前倾种植。

❸ 把麻叶绣线菊种在容器的右后方，把薄荷灌木种在容器的右前方，注意种植时不要与铁筷子的茎叶相重叠。

❹ 再把水仙种在容器的左侧。种植时无须在意花的朝向，反而能打造出自然感。

❺ 把2株婆婆纳种在容器的正面，遮住容器的边缘。

❻ 向容器和根块间的空隙中填土。大量浇水，直至盆底有水流出。

春日未至

铁筷子的形态多种多样，这次要打造出伸展枝条、等待春天的感觉。冬日盛放的铁筷子，在夏天会带着叶片进入休眠状态。休眠时，不需要为其施肥。

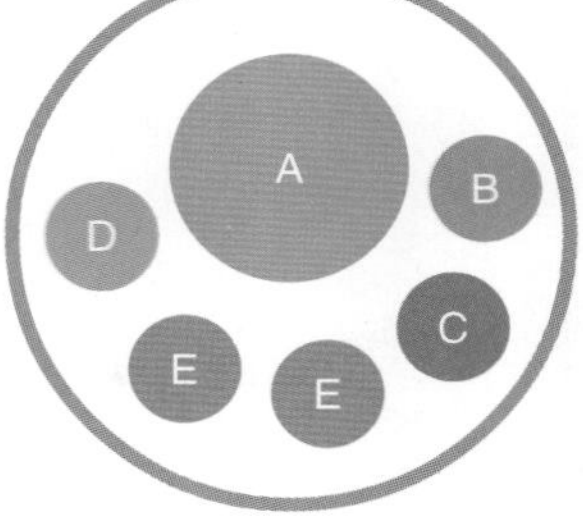

A 铁筷子
B 麻叶绣线菊
C 薄荷灌木“奇迹之星”
D 水仙
E 婆婆纳

把春天装进小小容器里

种植时，注意要让植物在把手的部分自然地露出。刚种下去的时候，花毛茛占主导地位。但随着时间的推移，摩洛哥雏菊和报春花的植株长高、开花，整体会变得更加协调。

A 花毛茛
B 摩洛哥雏菊
C 报春花
D 香雪球
E 藏报春

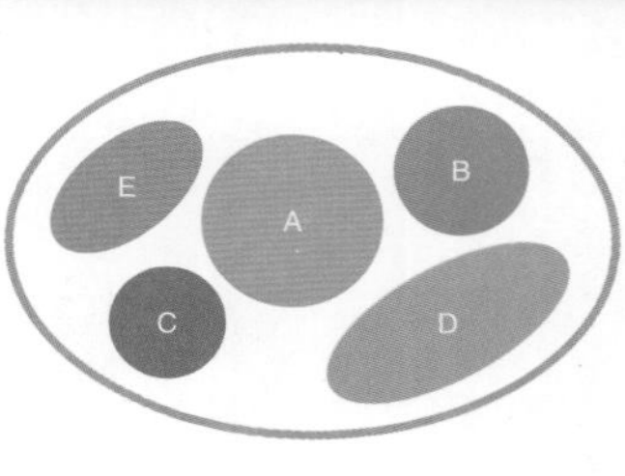

种植步骤

1 铺上盆底网。

2 向容器中放入能遮住底部的盆底石。

3 如果栽培土内没有事先加入元肥，就按照栽培土1升对应缓释肥料3~4克的比例加入缓释肥料，并轻轻混合。

4 往容器里加入栽培土，到容器高度的1/3处。

5 把花毛茛的根块弄小，调整根块上侧到容器边缘下方1~2厘米处，种在容器的中间稍靠后方的位置。

6 把摩洛哥雏菊种在花毛茛的右后方。

7 把报春花种在花毛茛的左前方，种植时把植株摆成要从容器中探出的姿态。

8 把香雪球的根块稍微弄散，种在摩洛哥雏菊的前方，种植时应遮住容器的边缘。再把藏报春种在报春花的后面。

9 向容器和根块间的空隙中填土。

10 用一次性筷子压实土壤，用手压平表面。

11 大量浇水，直至盆底有水流出。

小小的春色

一边摘掉残朵，一边快乐地期待逐渐成长起来的花朵吧。

种植步骤

① 铺上盆底网。向容器中放入能遮住底部的盆底石。

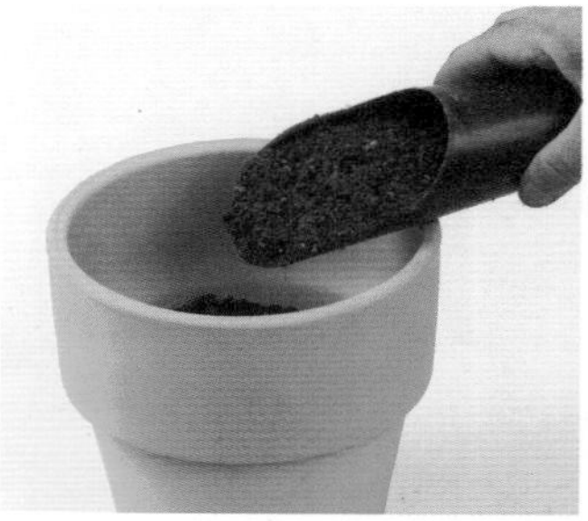

② 加入混入元肥的栽培土，到容器高度的1/3处。

③ 把樱花草的根块弄小，调整根块上侧到容器边缘下方1~2厘米处再种植。

④ 把长阶花种在樱花草的右后方，再把多报春花种在樱花草的右前方。

⑤ 把洋葵种在樱花草的左后方。

⑥ 向容器和根块、根块和根块间的空隙中填土，并用一次性筷子压实。

⑦ 大量浇水，直至盆底有水流出。

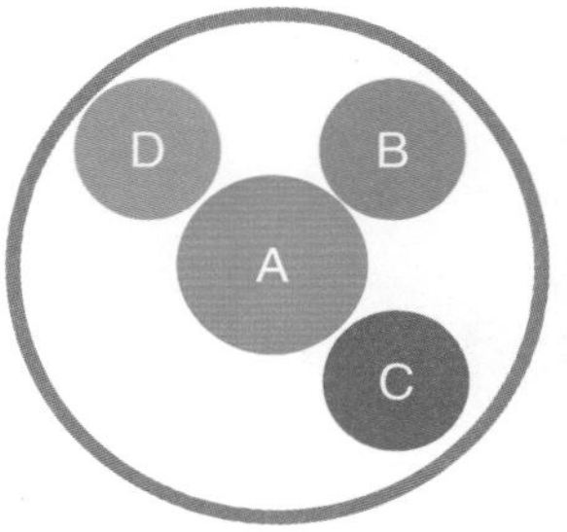

A 樱花草
B 长阶花
C 报春花
D 洋葵

春日花卉 迷你图鉴

有关植物的详细情况请参考第126页之后的内容

天竺葵

矮牵牛

法兰绒花

飞燕草

郁金香

石竹

春之喜悦

考虑到大朵的花(花毛茛)会凋谢，可以把它们与陆续开放的小花(如蓝眼菊等)搭配起来。种上一些根部有层次感的植物，打造出立体感。

种植步骤

1 铺上盆底网。

2 向容器中放入能遮住底部的盆底石。加入混入元肥的栽培土，到容器高度的1/3处。

3 把樱花草倾斜10度左右种在容器中间靠后的位置，调整根块上侧到容器边缘下方1~2厘米处。

4 把花毛茛种在第3步樱花草的右前方。

5 把蓝眼菊种在第3步樱花草的左前方。

6 再把龙面花种在花毛茛的后面。把2株洋葵的根块稍微弄散，种在樱花草的前面，种植时使其从容器正面垂下。

7 把冰锥蜡菊种在蓝眼菊的后方，制造纵深感。向空隙中填土，并大量浇水，直至盆底有水流出。

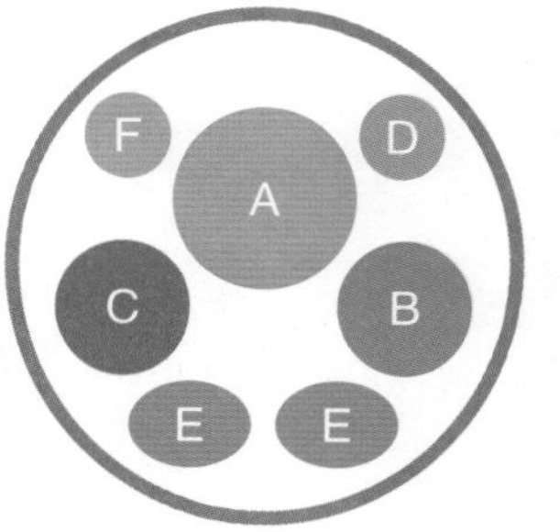

A 樱花草
B 花毛茛
C 蓝眼菊
D 龙面花
E 洋葵
F 冰锥蜡菊

银叶 迷你图鉴

朝雾草
菊科 半耐寒多年生植物
花期：8~9月上旬
株高：20~30厘米

银香菊
菊科 耐寒灌木
花期：6~7月
株高：30~60厘米

菊蒿
菊科 耐寒多年生植物
观赏期：全年
株高：20~60厘米

芙蓉菊
菊科 不耐寒多年生植物
花期：12月~次年3月中旬
株高：30~50厘米

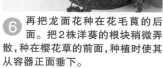

初夏的小小蓝色花园

用两种花打造出清爽的小小蓝色花园。蓝雏菊即使开败了，也能作为彩叶植物供人观赏。

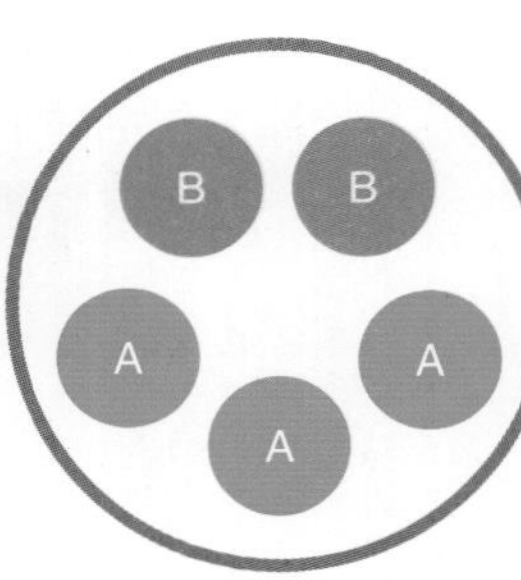

A 小花矮牵牛
B 斑纹蓝费利菊

种植步骤

❶ 如果容器整体有大量的空隙，需要铺上塑料袋，防止土壤干燥和渗漏。

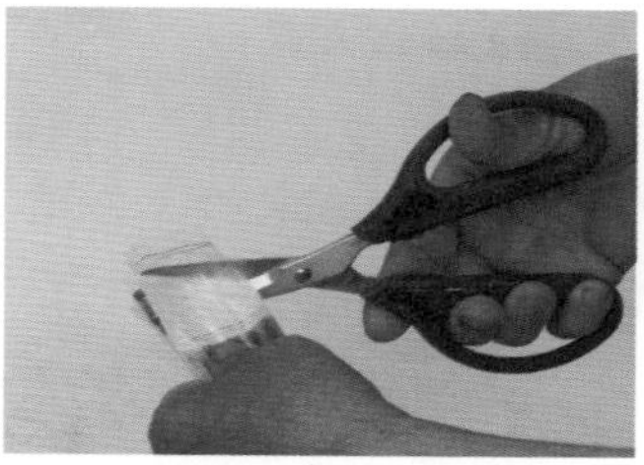

❷ 在容器内侧铺上塑料袋之类的塑料薄膜，沿高于容器5厘米处修剪塑料袋，并在塑料袋的中央开一个排水孔。

❸ 在种植结束后再把塑料袋露出的部分折进内侧藏好。铺上盆底网，向容器中放入能遮住底部的盆底石。

❹ 加入混入元肥的栽培土，到容器高度的1/3处。

❺ 把3株小花矮牵牛的根块弄小，调整根块上侧到容器边缘下方1~2厘米处，大幅倾斜地种在容器中靠前的位置。

❻ 把2株斑纹蓝费利菊的根块弄小，种在小花矮牵牛的后面。

❼ 向容器和根块、根块和根块之间的空隙中填土。

❽ 用一次性筷子压实空隙中的土壤，把根块的上部压平。

❾ 大量浇水，直至盆底有水流出。

耐热性强的五星花组合盆栽

五星花非常耐热，在初夏到秋天的时节陆续开放。在风中摇曳的千日红则能给人带来凉风徐徐的感觉。

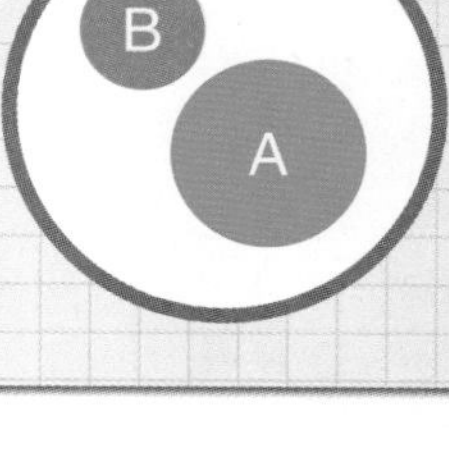

A 五星花
B 千日红

夏日能量

在涂有漆喰涂料（注：日本传统的泥瓦匠人使用的涂料，具有自然素材的独特风格和质感）的自制花盆中种上花朵，仿佛能让人从中汲取能量。夏季的组合盆栽，植物种类少一些会更容易培育和打理。

种植步骤

1 铺上盆底网。向容器中放入能遮住底部的盆底石。加入混入元肥的栽培土，到容器高度的1/3处。

2 把多花桉的根块弄小，调整根块上侧到容器边缘下方1~2厘米处再进行种植。

3 把3株小花矮牵牛的根块弄小，分别种在多花桉的前侧、右侧和左侧。种植时，把植株摆成要从容器中探出的姿态。

4 把薹草种在多花桉的右后方，制造出纵深感。

5 向容器和根块、根块和根块之间的空隙中填土。

6 用一次性筷子压实空隙中的土壤。

7 大量浇水，直至盆底有水流出。

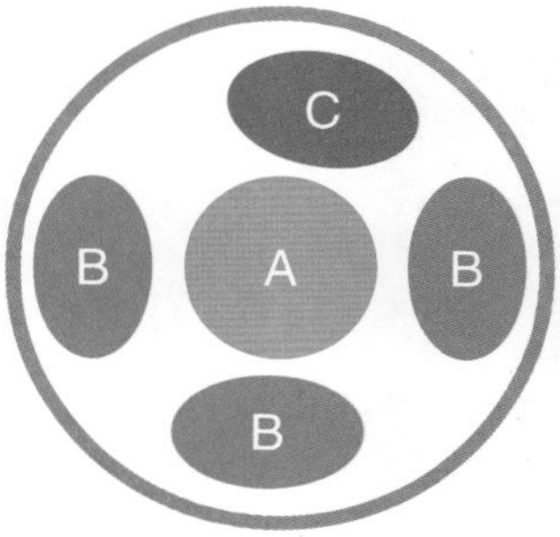

A 多花桉
B 小花矮牵牛
C 薹草

在素烧容器上涂上漆喷涂料制作而成的手工花盆。

映照在夏日里的红色

无惧夏日骄阳，以鲜艳的色彩展现活力。

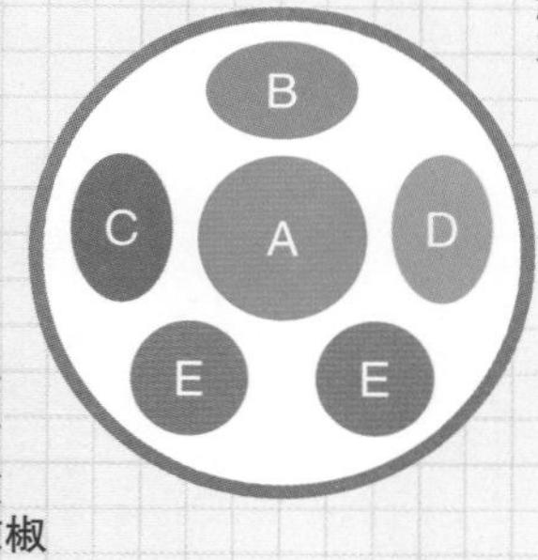

A 黑心菊
B 锦紫苏
C 香彩雀
D 观赏辣椒
E 络石

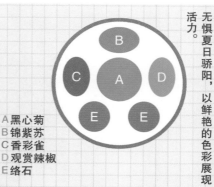

种植时，尽量让多数珍珠绣线菊的花苞朝向正面。想象着植株在秋风中摇曳的画面来修剪枝条，并在根部种上一些红色细叶的常春藤，打造出动感。

于秋风中摇曳

种植步骤

1 铺上盆底网。向容器中放入能遮住底部的盆底石。加入混入元肥的栽培土，到容器高度的1/3处。

2 把珍珠绣线菊的根块弄小，种在容器中间稍微靠后的位置。如果根系过长、抵住花盆，可以用剪刀把多余的根系剪掉，这样植株更容易扎根。

3 把三褶脉紫菀种在珍珠绣线菊的左前方。诀窍在于摇晃枝叶，让珍珠绣线菊和三褶脉紫菀交织在一起。

4 把两株细叶洋常春藤种在珍珠绣线菊的右侧。

5 把小叶络石种在珍珠绣线菊的后面。如果根系过长、抵住花盆，可以用剪刀减掉根块下方1/4~1/3的根系。

6 向容器和根块、根块和根块之间的空隙中填土，再用一次性筷子压实。

7 大量浇水，直至盆底有水流出。

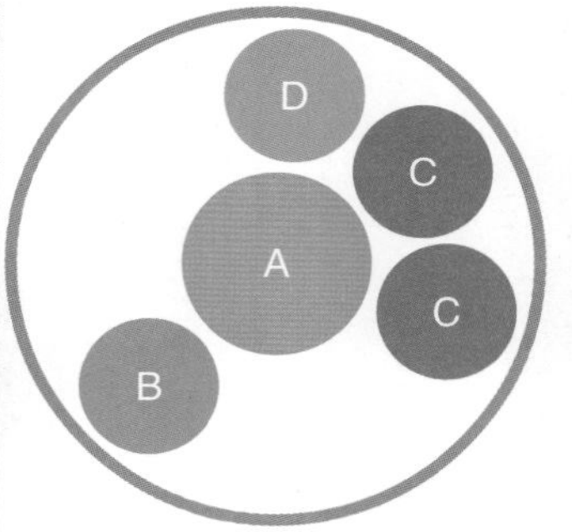

A珍珠绣线菊
B三褶脉紫菀
C细叶洋常春藤
D小叶络石

珍珠绣线菊的枝条修整

仔细观察枝条的走势，修整与整体走势不协调的枝条，使盆栽流畅、清爽。

垂向左下方的枝条打乱了整体的走势。

在容器边缘的位置进行修剪。

因为修整了枝条，盆栽上部更具充盈感。

万圣节 收获的喜悦

用黄色、橙色营造万圣节的气氛。观赏辣椒虽然很小，但是非常辣，做菜时取用一点也很方便。金柑选用的则是即食的无籽金柑。

种植步骤

① 铺上盆底网，向容器中放入能遮住底部的盆底石。把金柑的根块弄小，调整根块上侧到容器边缘下方1~2厘米处再进行种植。要点在于种植时要稍微将植株向前倾斜。

② 把观赏辣椒的根块稍稍弄散，种在金柑的左前方。种不下时，可以用水冲洗根块，冲掉一些土壤。

③ 把枫叶天竺葵种在金柑的右前方。种植时，把植株摆成要从容器中探出的姿态，以打造立体感。

④ 把青葙种在金柑的左后方。把根块稍微弄散一点，再按压成扁平状，会更容易种植。

⑤ 把疣茎乌毛蕨种在金柑的右后方，打造立体感。

⑥ 向容器和根块、根块和根块之间的空隙中填土，再用一次性筷子压实。

⑦ 大量浇水，直至盆底有水流出。

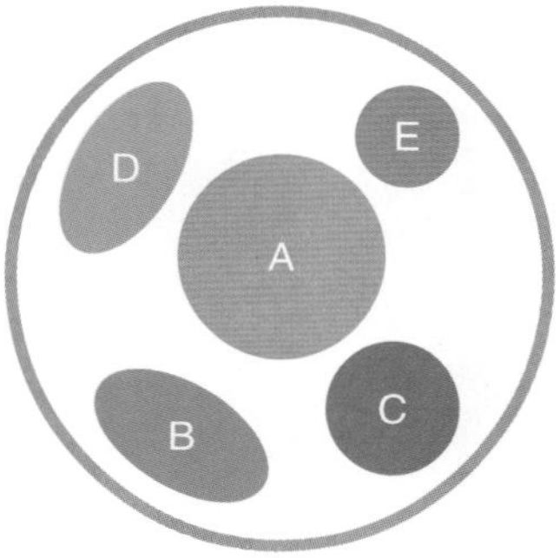

A 金柑
B 观赏辣椒
C 枫叶天竺葵
D 青葙
E 疣茎乌毛蕨

用果实点缀秋天的迷你植物图鉴

荚蒾	野樱莓	硬毛冬青	楸子	日本紫珠
忍冬科	蔷薇科	冬青科	蔷薇科	马鞭草科
落叶灌木	落叶灌木	落叶灌木	落叶灌木	落叶灌木
果实成熟期：9-11月	果实成熟期：9-11月	果实成熟期：9-12月	果实成熟期：10-11月	果实成熟期：9-10月

明年春天再会

适合寒冷季节的组合盆栽，选用的全是耐寒植物。因为到第二年春天为止，可以欣赏很长一段时间，所以很适合作为礼物送给关照过自己的人

种植步骤

①铺上盆底网，向容器中放入能遮住底部的盆底石。加入混入元肥的栽培土，到容器高度的1/3处。

②修整4株羽叶甘蓝的下叶片(参考下方的修整方法)，并将其根块弄小。把植株高的羽叶甘蓝种在后方，植株矮的种在前方，同时注意要将植株稍稍向前倾斜。

③把2株三色堇种在羽叶甘蓝的左前方。

④把香雪球种在羽叶甘蓝的右后方。

⑤把冰锥蜡菊种在三色堇的后方，打造出纵深感。

⑥把矾根种在羽叶甘蓝的左后方，打造出立体感。

⑦向容器和根块、根块和根块之间的空隙中填土，再用一次性筷子压实。大量浇水，直至盆底有水流出。

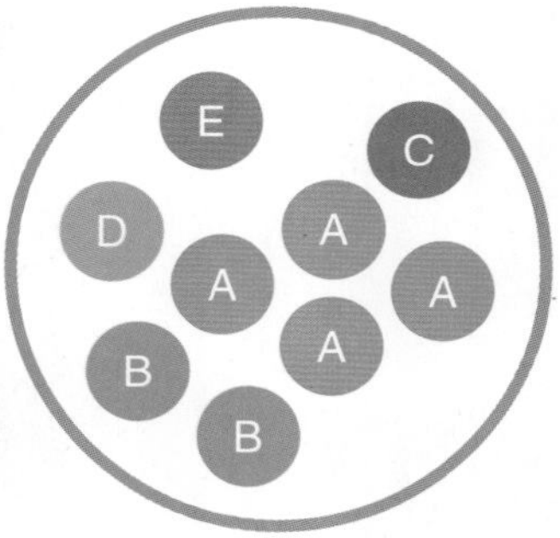

A羽叶甘蓝
B三色堇
C香雪球
D冰锥蜡菊
E矾根

羽叶甘蓝下叶片的修整方法

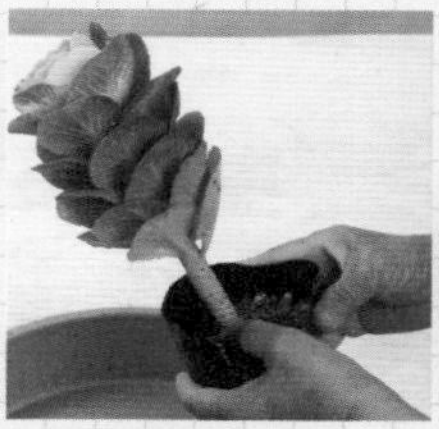

如果不修整羽叶甘蓝的下叶片，整体就会显得杂乱，而且羽叶甘蓝在容器内的透气性也不好。

自下往上依次摘去叶片。

修整成玫瑰花的形状即可。

把羽叶甘蓝从盆中拔出，清除根块“肩部”的土壤，轻握以修整形状。

秋日芬芳

用花期长且每年都能欣赏的植物来表现秋天的氛围。如果能勤于摘除残朵，植物就会长出很多侧芽，接着会长出很多新的花芽。

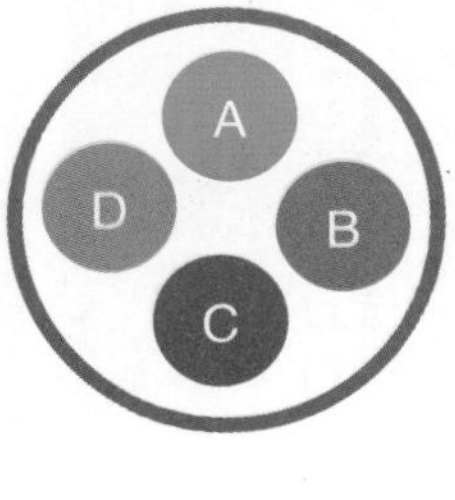

A 秋牡丹
B 绿菊
C 荷兰菊
D 凤梨鼠尾草

点缀空间

花环刚完成时可能会有些空隙，但会逐渐变得茂密起来，并产生层次感。把自己喜欢的颜色组合在一起，在不断尝试的过程中，慢慢就能制作出更好的作品。

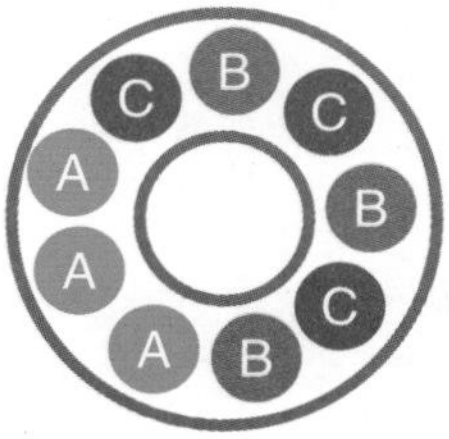

A 羽叶甘蓝
B 三色堇（黄色）
C 三色堇（橙色）

圣诞前夕

选择时要确保枸骨带有红色的果实。枸骨叶尖的刺较少，可以放心地用于装饰。因为枝条的状态会影响作品完成后的感觉，所以在选择植苗的时候要仔细挑选。

种植步骤

1 铺上盆底网，向容器中放入能遮住底部的盆底石。加入混入元肥的栽培土，到容器高度的1/3处。

2 把枸骨的根块弄小，调整根块上侧到容器边缘下方1~2厘米处再进行种植。

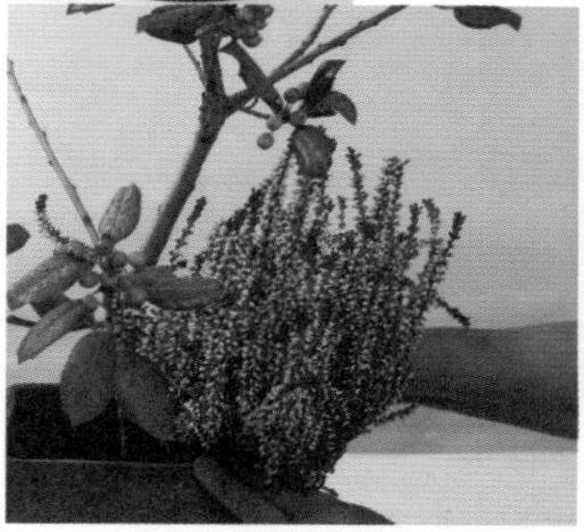

3 把欧石南种在右前方。

4 把2株冰锥蜡菊种在枸骨的后方。种植时，把植株摆成要从容器中探出的姿态，打造立体感。

5 把2株蜂室花种在枸骨的左前方和正前方，种植时遮住容器的边缘。

6 向容器和根块、根块和根块之间的空隙中填土，用一次性筷子把空隙中的土壤压实。因为方形花盆的直角处很难填土，所以要仔细地把土压实。

7 大量浇水，直至盆底有水流出。

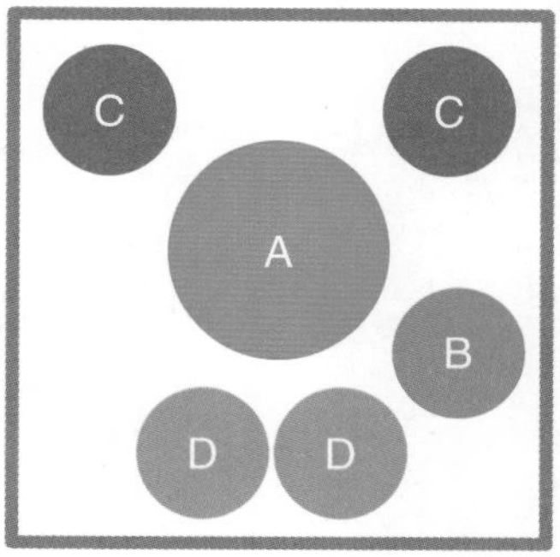

A 枸骨
B 欧石南
C 冰锥蜡菊
D 蜂室花

枸骨 小知识

枸骨是欧洲冬青的同属植物，原产于中国。深绿叶片与红色果实的对比令人印象深刻，是圣诞节装饰中不可或缺的植物之一。除此以外，还有欧洲产的英国冬青和北美产的北美冬青为人熟知，该品种也有斑纹叶片等多种多样的叶片形态。

枸骨
冬青科
常绿小乔木
观赏期：11月-次年1月
高度：3~10米

圣诞快乐

用向上伸展的树木衬托具有爬行性（像爬行一样横向伸展）的迷迭香。还可以搭配什么来打造出具有圣诞气氛的组合盆栽呢？让我们一边期待一边考虑这个问题吧。

种植步骤

① 把迷迭香的根块弄小，调整根块上方到容器边缘下方1~2厘米处，再进行种植。

② 把仙客来种在迷迭香的前面。注意不要把根块种得过深，要种得浅一些。

③ 把芙蓉菊种在仙客来的右后方。如果空间不够，可以把根块稍微弄散一些。

④ 把蜂室花种在仙客来的左后方。

⑤ 把互叶白千层种在芙蓉菊的后方，再把银边麦冬种在蜂室花的后方，打造出纵深感。

⑥ 填土，用一次性筷子压实空隙中的土壤，并用手指压平根块上部。

⑦ 修整迷迭香的叶片（请参考下方的修整方法）后，大量浇水，直至盆底有水流出。

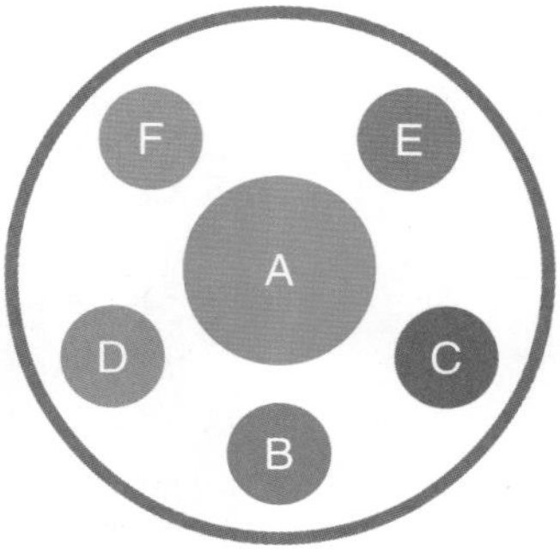

A 迷迭香
B 仙客来
C 芙蓉菊
D 蜂室花
E 互叶白千层
F 银边麦冬

迷迭香的修整方法

剪去伸出的枝条尖端。

轮廓变得清晰起来，通风也变得更好了。

新年的松树装饰

最好在进行组合盆栽制作的前一年就准备好要用的松树。修整松树的枝叶状态，就可以打造出自己喜欢的形态。

种植步骤

① 铺上盆底网。向容器中放入能遮住底部的盆底石。如果栽培土内没有事先加入元肥，就按照栽培土1升对应缓释肥料3~4克的比例加入缓释肥料。然后向容器中加入栽培土，到容器高度的1/3处。

② 把2株赤松的根块弄小，修整根块，使其看起来像1株赤松（请参考下方的操作方法）。然后调整根块上侧到容器边缘下方1~2厘米处，再将其种植在容器中的左后方。

③ 把紫金牛种在赤松的左前方。

④ 把平铺白珠树种在赤松的右前方，并把求米草种在紫金牛的左前侧，再把南天竺种在赤松的右后方。

⑤ 填土，用一次性筷子把空隙中的土壤压实。因为方形花盆的直角处很难填土，所以要仔细地把土壤压实。

⑥ 大量浇水，直至盆底有水流出。

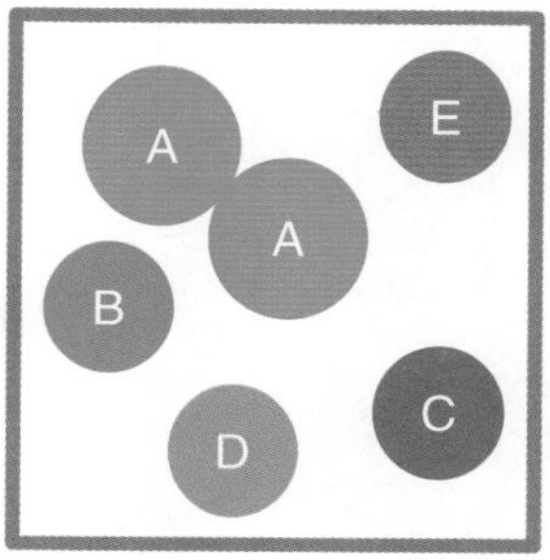

A 赤松
B 紫金牛
C 平铺白珠树
D 求米草
E 南天竺

如何让2株赤松看起来像1株赤松

本次使用的植物：2株赤松。

清除根块"肩部"的土壤，去除四周多余的土壤，使根块变小；注意不要弄伤根系。

把2株赤松的根块合在一起，轻握成1个根块后进行种植。把赤松种在容器中央稍靠左后侧的地方，打造出立体感和纵深感。

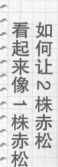

映照在寒冷天空

银叶爱莎木枝叶的白色营造出冬天凛冽的氛围。从即使寒冷也持续盛放的三色堇和水晶欧石南中汲取能量。

种植步骤

① 铺上盆底网，放入盆底石。加入混入元肥的栽培土，到容器高度的1/3处。

② 把水晶欧石南的根块弄小，调整根块上侧到容器边缘下方1~2厘米处，再进行种植。（请参考下方的操作方法。）

③ 把2株银叶爱莎木种在水晶欧石南的后侧。摇晃枝条，使其和水晶欧石南的枝叶自然地交织在一起。

④ 把2株冬青分别种在水晶欧石南的右侧及右后方。要点在于种植时把植株摆成要从容器中探出的姿态。

⑤ 把2株三色堇种在水晶欧石南的前面，遮住容器的边缘。因为容器内的空间很狭小，所以要把根块修整到原来的1/4~1/3大小。

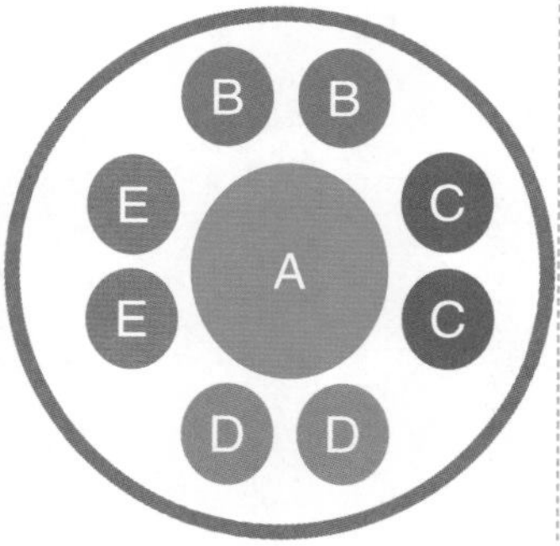

⑥ 把2株百里香分别种在水晶欧石南的左侧和左后方。根据空间的大小修整根块的大小，并轻轻弄散。

⑦ 填土，用一次性筷子压实空隙中的土壤。大量浇水，直至盆底有水流出。

A 水晶欧石南
B 银叶爱莎木
C 冬青
D 三色堇
E 百里香

水晶欧石南的种植方法

清除根块“肩部”的土壤。

如果根块很硬，可以使用带铲耙稍稍弄松根块，植物会更容易扎根。

把水晶欧石南种在容器中央稍靠左后侧的位置，打造出层次感。

成熟雅致

这盆组合盆栽中种植的都是耐寒植物。长阶花的叶片在天气寒冷时就会变成古铜色，更显雅致。长阶花不仅耐暑抗寒，春天还会开出紫色的花朵，真的是一种宝贵的植物。

种植步骤

1 铺上盆底网，放入盆底石。加入混入元肥的栽培土，到容器高度的1/3处。

2 把3株紫罗兰的根块逐一弄小，修整根块，使其看起来像一株大的紫罗兰，将它们紧挨着种在容器的中间。

3 把长阶花种在紫罗兰的右前方，把莲花种在紫罗兰的左侧，种植时把植株摆成要从容器中探出的姿态。

4 把2株三色堇种在紫罗兰的正前方，遮住容器的边缘。

5 把芙蓉菊种在长阶花的右后方。

6 向容器和根块间的空隙中填土，并用一次性筷子压实，再把土壤表面压平。

7 大量浇水，直至盆底有水流出。

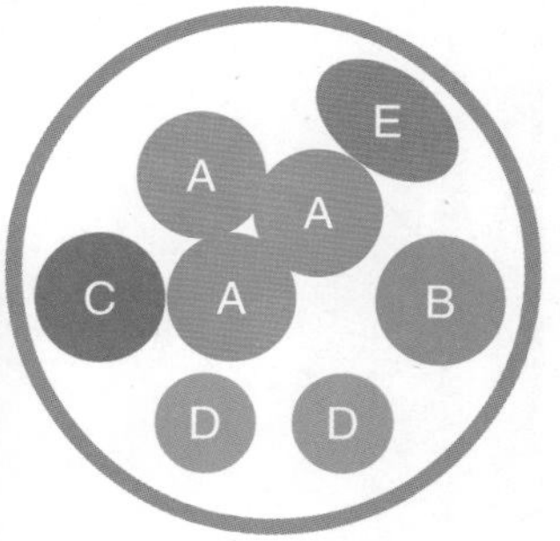

A紫罗兰“飞沫繁花”
B长阶花
C多毛百脉根
D三色堇
E芙蓉菊

在狭小空间中种植植苗的诀窍

在狭小的空间中种植植苗的时候，要尽可能将根块弄小。轻握修整根块的形状，使其更易于种植。

清除根块“肩部”及其四周、内侧多余的土壤。

如果想把根块进一步缩小，可以把根块下部1/3~1/2的部分拧下。

双手轻握根块，修整形状。

根块被修整成圆形饭团状，接着根据空隙的大小，用手掌轻压根块，使其易于种植。

静谧时刻

无距耧斗菜的花即使开败了，也无须剪断，留在那就好。因为那种枯萎的状态，反而能成为一种令人回味无穷的景色。

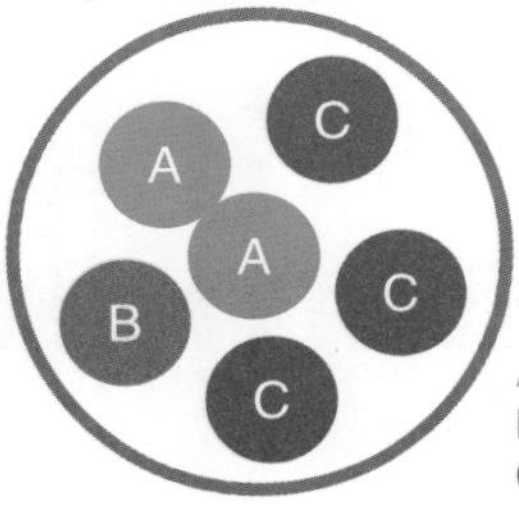

A 无距耧斗菜
B 云间草
C 活血丹

种植步骤

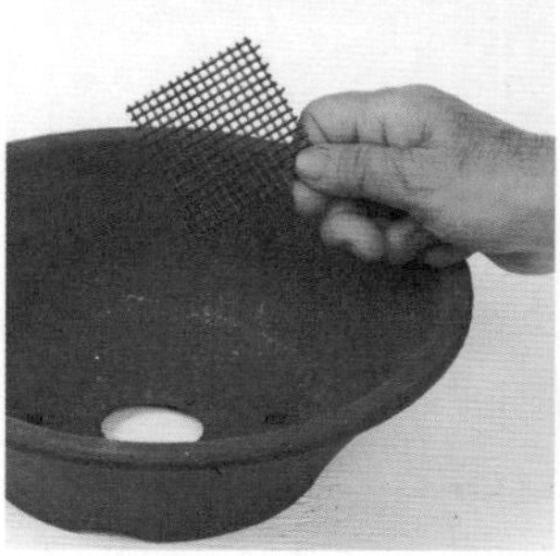

1 铺上盆底网。

2 向容器中放入能遮住底部的盆底石。

3 如果栽培土内没有事先加入元肥，就按照栽培土1升对应缓释肥料3~4克的比例加入缓释肥料。

4 加入栽培土，到容器高度的1/3处。

5 把2株无距耧斗菜的根块弄小，合在一起，使其看起来像一株，然后种在容器中间稍稍靠后的位置。

6 调整根块上侧到容器边缘下方1~2厘米处，填上土壤。

7 把云间草种在无距耧斗菜的左前方。种植时，把植株摆成要从容器中探出的姿态，打造出层次感。

8 去除活血丹的根块“肩部”的土壤，将1株活血丹分为3株，轻握根块调整形状。

9 把第8步的活血丹分别种在无距耧斗菜的右前方、右后方和正前方，逐一遮住容器的边缘。

10 往容器和根块间的空隙里填土。

11 用一次性筷子压实土壤，并把表面压平。

12 大量浇水，直至盆底有水流出。

凉风

用白玉莎草叶片的摆动，表现水边吹来的风。如果把它放在有土壤的地方，种子被风吹散后会在很多地方落地生根。

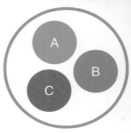

A 白玉莎草
B 玉簪
C 桔梗

种植步骤

① 铺上盆底网。

② 向容器中放入能遮住底部的盆底石。

③ 如果栽培土内没有事先加入元肥的话，就按照栽培土1升对应缓释肥料3~4克的比例加入缓释肥料。接着将栽培土加入容器，到容器高度的1/3处。

④ 去除白玉莎草根块“肩部”的土壤，使根块缩小。

⑤ 把在第4步中处理好的白玉莎草种在容器的左后方，并调整根块上侧到容器边缘下方1~2厘米处，填上土壤。

⑥ 把桔梗种在左前方，玉簪种在右前方，种植时把植株摆成要从容器中探出的姿态。

⑦ 打开白玉莎草刚种下时纠缠在一起的枝叶，打造出立体感。

⑧ 向容器和根块间的空隙中填土，用一次性筷子把土壤压实，用力按压使之平整。

⑨ 大量浇水，直至盆底有水流出。

点缀荫蔽庭院的迷你植物图鉴 1

黄水枝
虎耳草科
耐寒多年生植物
花期：3月下旬–6月上旬
株高：20~40厘米

蓝钟花
风信子科
秋季播种球根植物
花期：3–6月中旬
株高：5~80厘米

茛力花
爵床科
耐寒多年生植物
花期：5–6月
株高：30~120厘米

在即将来临的季节里

治愈心灵的植物有着柔和的色彩，在即将来临的季节里会绽放出美丽的花朵。注意要避开夏季强烈的阳光。

种植步骤

1 铺上盆底网。向容器中放入能遮住底部的盆底石。加入混入元肥的培养土，到容器高度的1/3处。

2 把伊势阴地杜鹃的根块弄小，种在容器中间稍稍靠后的位置，并调整根块上侧到容器边缘下方1~2厘米处，填上土壤。

3 把落新妇种在右前方，种植时把植株摆成要从容器中探出的姿态。

4 把紫斑风铃草种在伊势阴地杜鹃的右前方，再把忘都菊种在伊势阴地杜鹃的左前方。

5 把矾根种在忘都菊的后侧，种植时也要把植株摆成要从容器中探出的姿态，打造立体感。

6 向容器和根块间的空隙中填土，并用一次性筷子把土壤压实，用力按压表面，使之平整。

7 大量浇水，直至盆底有水流出。

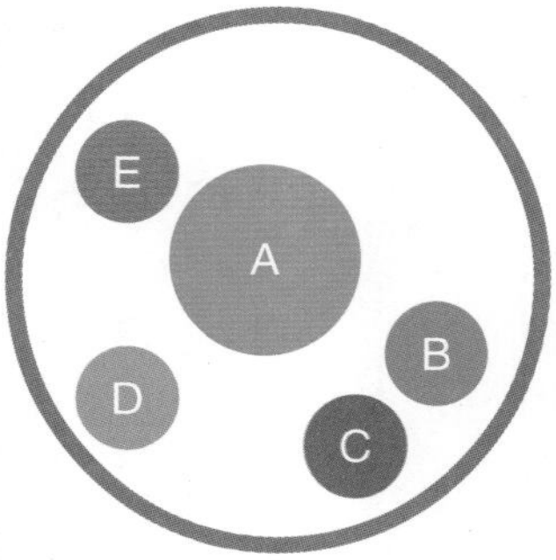

A 伊势阴地杜鹃
B 落新妇
C 紫斑风铃草
D 忘都菊
E 矾根

点缀荫蔽庭院的迷你植物图鉴 2

银边麦冬
百合科
耐寒多年生植物
花期：7–10月
株高：30~50厘米

春兰
兰科
半耐寒多年生植物
花期：3月下旬–4月
株高：10~30厘米

秋海棠
秋海棠科
耐寒多年生植物
花期：7月上旬–10月中旬
株高：40~80厘米

要点小课堂

你是否会把开败或枯萎的植株随意留在盆栽里呢？如果是，快点一起换上当季的植物，让盆栽焕然一新吧。只需要一点工夫，就能再次欣赏到组合盆栽的美丽。比如，把春季的组合盆栽（如右图所示）再造成夏季的新的组合盆栽（如第10页图所示）。（第10页的植株的更换方法请参照第120页。）

更换植株
让盆栽
焕然一新

奏响初春

想象麻叶绣球盛放时，初春的花儿仿佛在欢快地演奏音乐的场面。

种植步骤（春季组合盆栽）

① 铺上盆底网。向容器中放入能遮住底部的盆底石。加入混入元肥的培养土，到容器高度的1/3处。把麻叶绣线菊的根块弄小，种在容器中间稍稍靠后的位置。

② 把水仙种在麻叶绣线菊的左前方，种植时把植株摆成要从容器中探出的姿态。

③ 再把樱花草种在麻叶绣线菊的正前方，种植时遮住容器的边缘。

初夏之歌

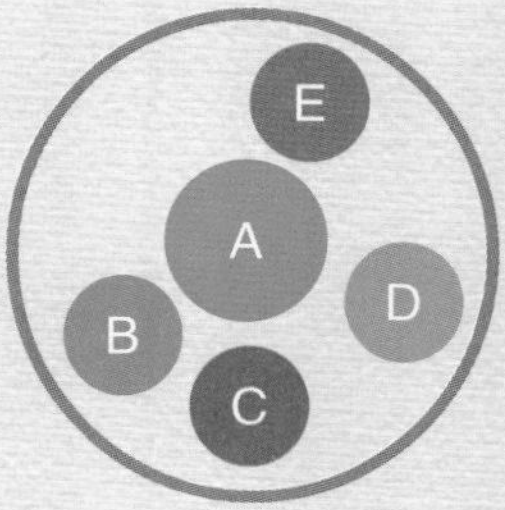

A 麻叶绣线菊
B 水仙
C 樱花草
D 紫花糖芥
E 洋葵

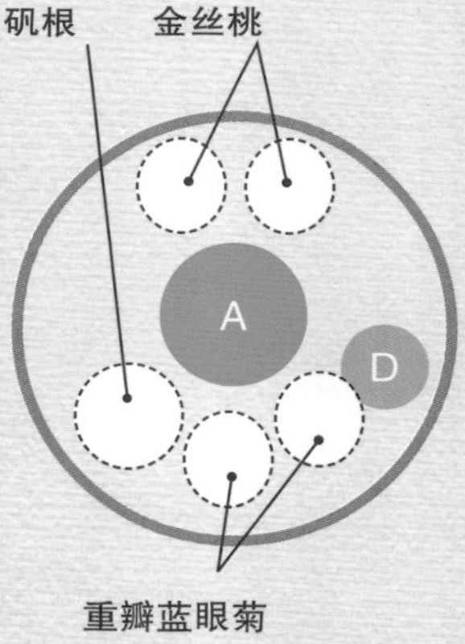

再造后的盆栽给人的印象，就像是初夏的花儿们，正在开败的麻叶绣线菊的荫蔽下放松舒展。如果能仔细地摘除重瓣蓝眼菊枯萎的花梗，该盆栽可以一直存活到秋天。

4 把紫花糖芥种在樱花草的右后方，打造出纵深感。

5 再把洋葵种在麻叶绣线菊的右后方，种植时要把植株摆成要从容器中探出的姿态。

6 向容器和根块间的空隙中填土，并用一次性筷子把土壤压实。大量浇水，直至盆底有水流出。

7 确认整体的平衡，剪掉不需要的枝条和叶片，使整体线条流畅。

本节的作品，均是春季举办的『古贺有子 组合盆栽的世界展览』上展示的作品（容器制作：小野满俊彦、恭子、全登）。

春风摇曳时

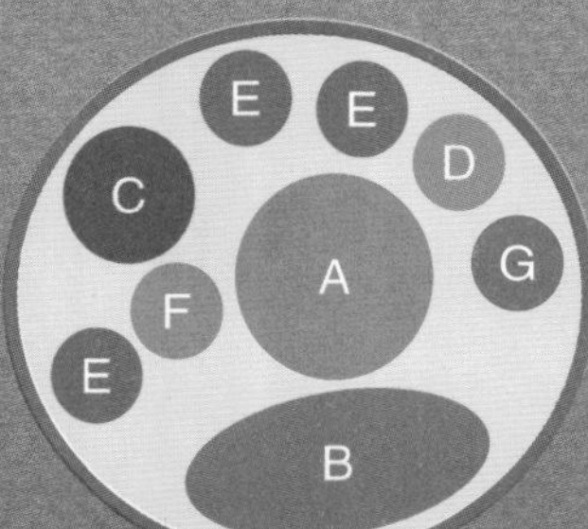

A蓝叶忍冬　B玉簪
C花葱　D 橐吾
E欧洲银莲花　F忍冬
G薹草

容器：宽36厘米，高20厘米。

山茶余韵

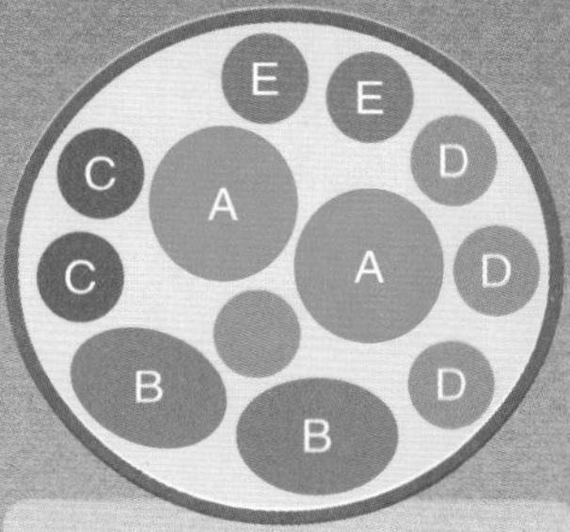

A 山茶花
B 紫珠
C 八仙花
D 无距耧斗菜
E 筋骨草

容器：宽20厘米，高24厘米

青橙色的装饰

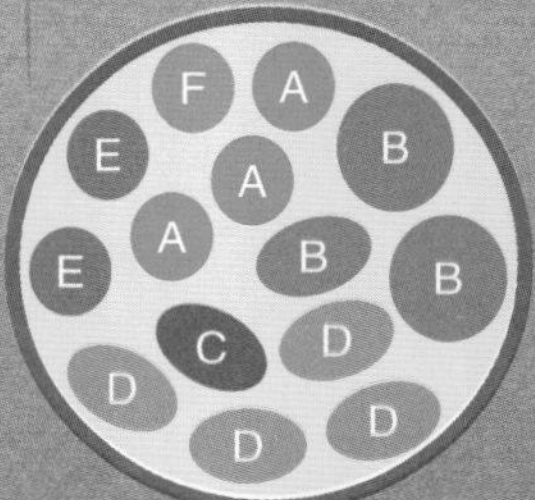

A 花烟草
B 薰衣草
C 矮牵牛
D 车轴草
E 婆婆纳
F 矾根

容器：宽30厘米，高18厘米。

献给闪耀的季节

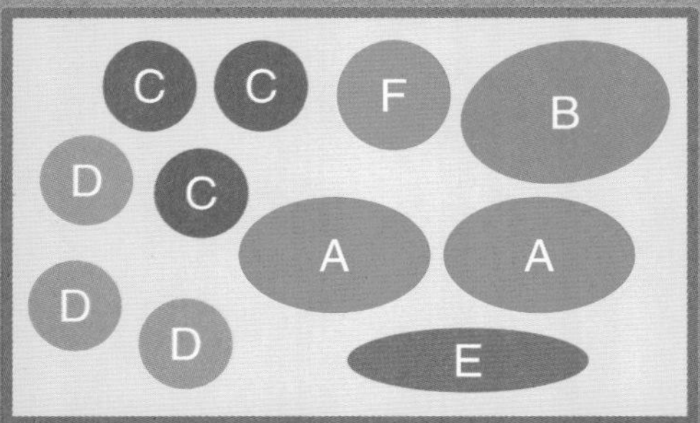

A 西洋杜鹃
B 麻叶绣线菊
C 溲疏
D 无距耧斗菜
E 粉霜绣线菊
F 薹草

容器：宽28厘米，高18厘米。

沐浴春日阳光

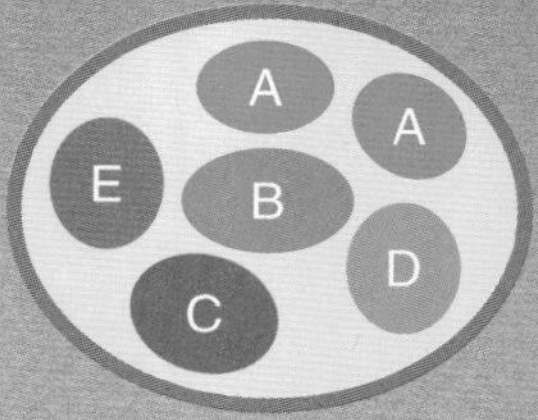

A 多花桉
B 苹果天竺葵
C 姬小菊
D 百里香
E 银叶百脉根
容器：宽 20 厘米，高 12 厘米。

平静

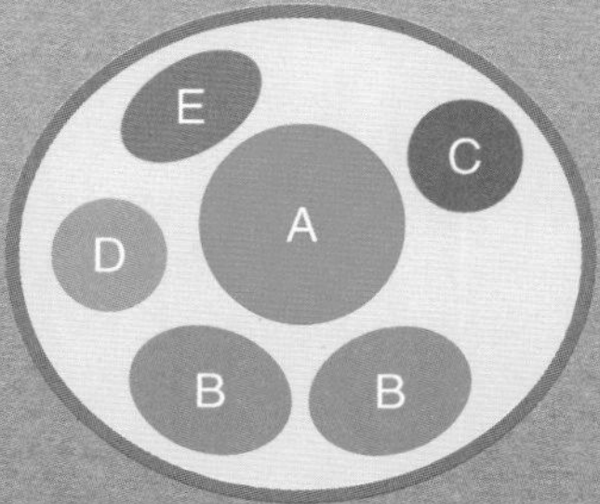

A 鸡麻
B 长寿梅
C 八仙花
D 加拿大堇菜
E 麦冬

容器：宽 16 厘米，高 12 厘米。

春日的百色花园

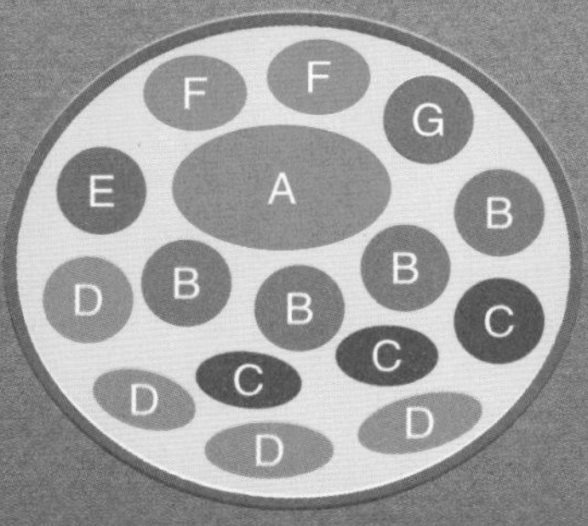

A 大叶醉鱼草“银婚纪念”
B 蓝眼菊
C 心叶牛舌草
D 百里香
E 艾蒿
F 薹草
G 旋花

容器：宽30厘米，高20厘米。

凛然而立

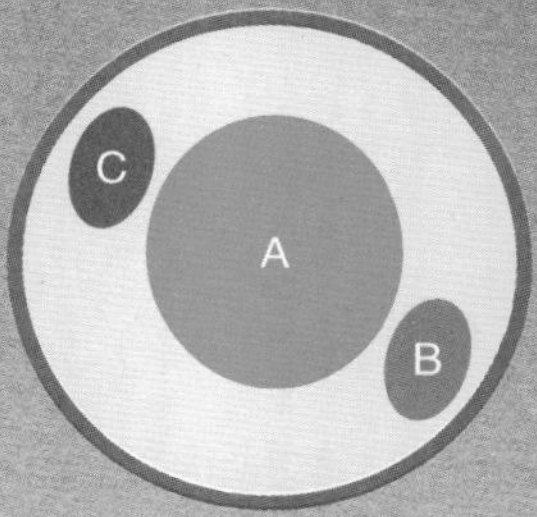

A洋地黄
B多花素馨
C冰锥蜡菊

容器：宽18厘米，高19厘米。

微笑

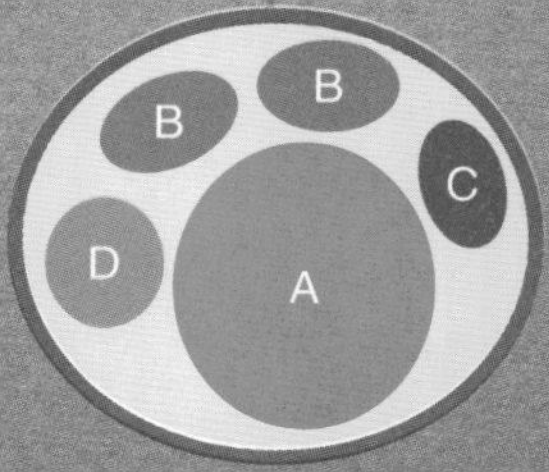

A红莲月季
B兔足三叶草
C蓝花车叶草
D白玉草

容器：宽20厘米，高12厘米。

享受花、叶和香

A 鼠尾草
B 花烟草
C 大戟
D 薰衣草“淡金发女郎”
E 斑叶女贞
F 百里香
G 婆婆纳
H 野芝麻
I 花叶地锦

容器：宽25厘米，高25厘米。

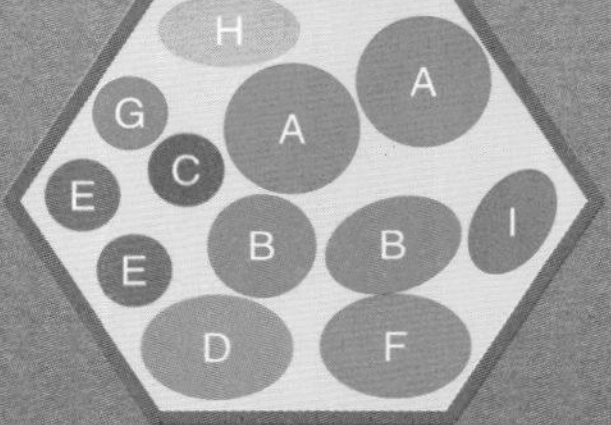

优雅

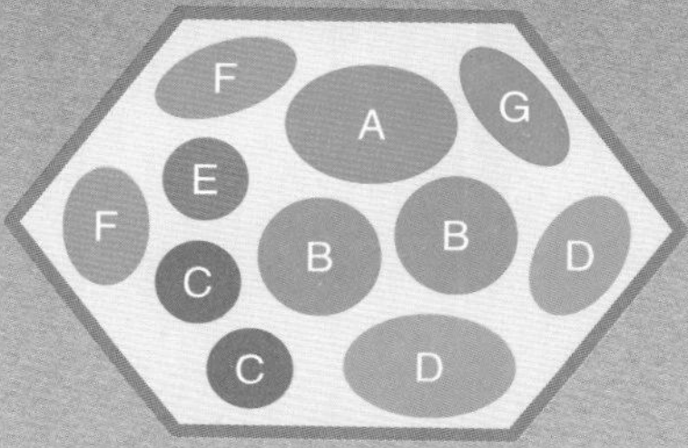

A 无毛风箱果
B 花毛茛
C 龙面花
D 香雪球“超级雪球”
E 长阶花
F 百里香
G 金线草

容器：宽33厘米，高15厘米。

花游

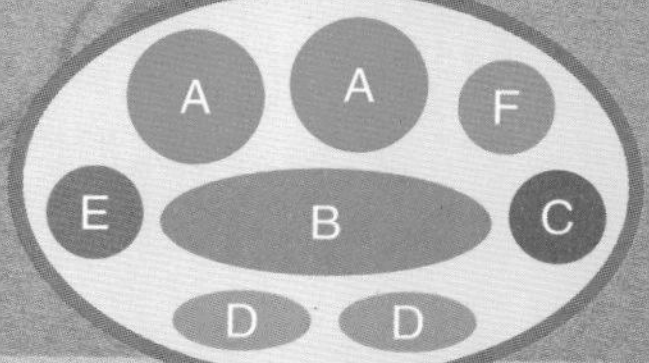

A 花烟草
B 法国薰衣草
C 兔足三叶草
D 高加索南芥
E 普通百里香
F 薹草

容器：宽20厘米，高12厘米。

柔和的心情

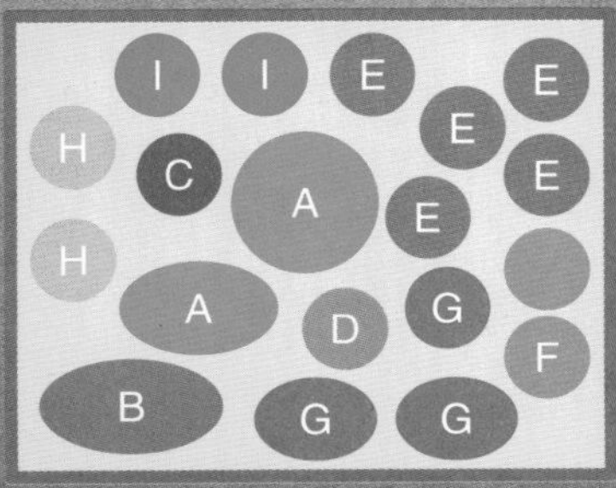

A 欧洲木绣球
B 金焰绣线菊
C 花葱
D 圆锥绣球
E 欧洲银莲花
F 玉簪
G 粉霜绣线菊
H 八仙花
I 草本类

容器：宽30厘米，高35厘米。

简约花园

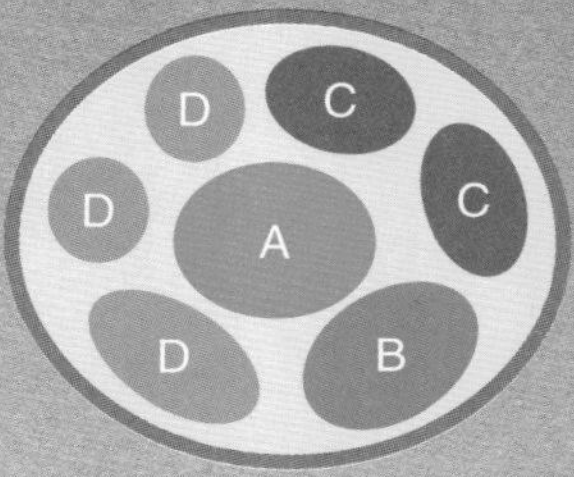

A洋地黄
B金叶风箱果
C奥莱芹
D婆婆纳

容器：宽20厘米，高19厘米。

可爱的春天

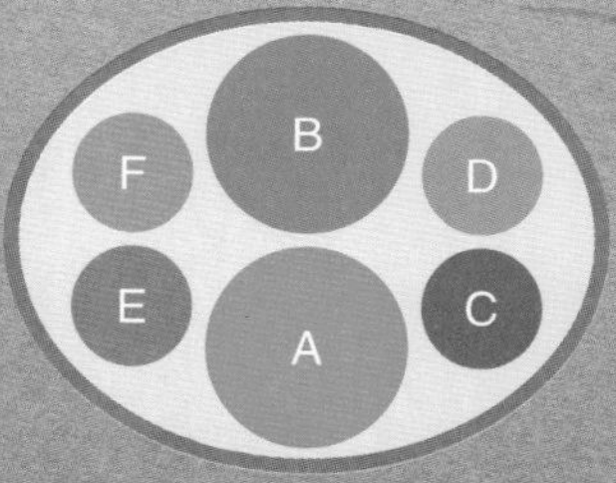

A红莲月季
B薰衣草
C金鱼草
D蔓草
E欧石南
F冰锥蜡菊

容器：宽20厘米，高12厘米。

透过树叶的日光

A赤卫矛　B落新妇　C齿叶溲疏
D八仙花　E忘都菊　F槖吾
G无距耧斗菜　H欧洲银莲花　I加拿大堇菜
J薹草　K玉簪

容器：宽32厘米，高19厘米。

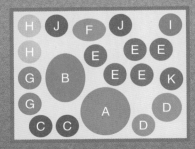

新绿之时

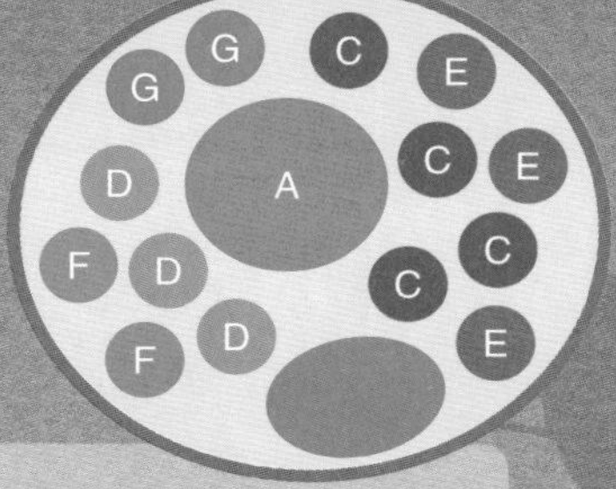

A锦带花
B山绣球“伊予狮子手球”
C耧斗菜
D溲疏
E银莲花
F蓝花车叶草
G薹草

容器：宽28厘米，高20厘米。

时尚

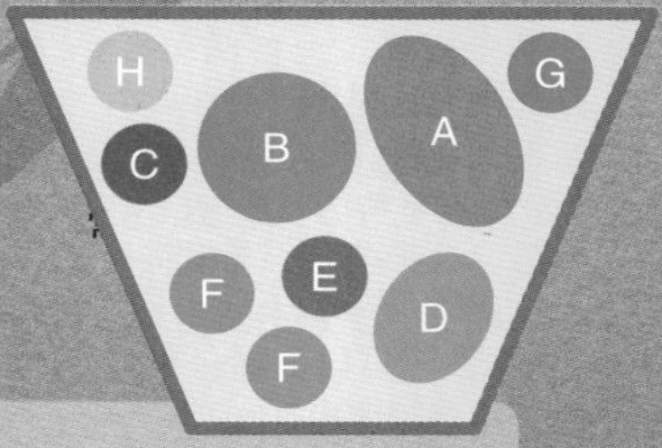

A鼠尾草
B花毛茛
C蔷薇 绿冰
D多花素馨
E大戟
F狭花天竺葵
G银叶百脉根
H百里香

容器：宽25厘米，高20厘米。

专栏

享受水培的乐趣

所谓的水培，是指水中栽培，即用名为“陶粒”的专用土壤（黏土在高温下烘烤、发泡制成）代替泥土来支撑植物的根系。因为陶粒是无菌的，所以放在室内任何地方都非常安心，同时它具有良好的透气性、排水性和保水性，所以可以使植物健康地生长。陶粒生长分为大粒、中粒和小粒等，因此要根据植物的种类和容器的大小选择合适的陶粒。此外，使用过的陶粒清洗后可再次使用。

一起来制作水培植物吧！

准备清单

- 植物（请参考下方的“要点”）。
- 容器（杯子之类的底部没有开孔的容器）。
- 陶粒（膨胀黏土等）。
- 根腐抑制剂。

打理方法

- 放置在房间中较明亮的地方（因为水培植物容易长出苔藓和藻类，所以要避免阳光直射）。
- 等到容器里的水完全没有之后再浇水，加水至容器高度的1/4处（经常浇水会导致霉菌生长或根系腐烂）。
- 如果植株的生长态势变差或叶片颜色变得暗淡，可以用稀释1000倍的液肥代替水进行浇灌。

要点！ 适合水培的植物

芦笋、海芋、白鹤芋、袖珍椰子、花烛、绿萝、腋花千叶兰等。

1 在容器中加入能遮住底部的根腐抑制剂。再放入清洗过的陶粒，到容器高度的1/3处。

2 把植苗从盆中拔出后，清除根块上的土壤，同时注意不要弄伤根系。用水桶里装的水仔细洗掉根块上残留的土壤。

3 把植物放入容器中，注意把植株根部埋进陶粒中。用一次性筷子轻戳，压实空隙里的陶粒，再加水至容器高度的1/4处。

（*水培请参考第11页。）

第四部分

组合盆栽的保养与维护

组合盆栽的美能保持多久，取决于制作完成后的维护和打理方式。
虽然花心思照料会让植物生长得更好，但“多管闲事”却是大忌。
浇水、追肥、摘除枯萎的花梗等，
在必要的时候做必要的工作——这一点非常重要。

组合盆栽的必要保养方法

混栽的植物一朵接一朵开花，伸展枝条，时时刻刻变换着姿态。虽然任其自然生长也不失为一种乐趣，但为了使植物保持美丽的姿态，适当的管理也是必不可少的。为了使植物保持健康，保养也是很必要的。

浇水

园艺初学者最容易犯的错就是浇水过量。如果土壤长期保持潮湿的状态，根系会因为无法呼吸而腐烂。等到土壤干了之后再浇足水是铁律。

如果带着喷头浇水，水会四处喷溅，而且喷头无法对准植株根部注水。

使用前先摘下喷壶的喷头。因为植株沾水也是植物感染日灼病等疾病的原因之一，所以要用手压住茎和叶，对准植株根部浇水。

出门在外时的浇水方式

如果要外出两三天，可以在盆底盘中储水，让植株吸收盆底盘中的水。（夏季水温升高可能会导致根系腐烂，所以夏季要避免这样的操作）。

插入储水器供水。右图所示是安装了市场上售卖的专用盖子的塑料瓶。500毫升的水可以用一周左右。

确认土壤干湿情况的方法

如果是小盆的组合盆栽，可以用双手举起以确认重量。如果重量较轻，就可以大量浇水。

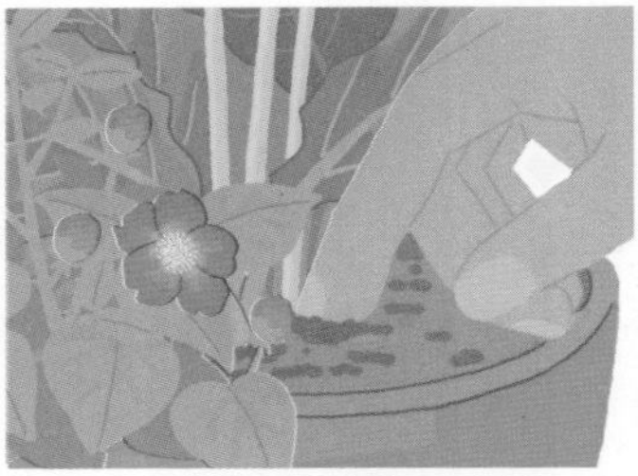

如果是大盆的组合盆栽，可以将手指插到土壤深处进行确认。如果没有感到潮湿的话，就可以大量浇水。

要点！

培育时保持土壤干燥

如果土壤适度干燥，根系为了寻求水分，就会变得很发达，植物就能茁壮生长。（此外，向干燥的土壤中注水，也能向土壤中送入植物生长必不可少的新鲜空气。）

对观叶植物进行叶面喷雾

冬季，房间易干燥，室内培育的观叶植物除了正常浇水，还需要进行叶面喷雾，即对叶片的两面使用喷雾瓶进行喷雾状的洒水。

元肥是帮助植物初期生长的肥料，而追肥是促进植物生长和保持花叶美丽的补充肥料。
施肥的要点在于要把握好时机，且不要施肥过度或不足。

要点！

追肥的时机

初次追肥一般在种植后的 10~14 天进行，然后就可以按照植物的生长发育情况定期施肥。因为植物在休眠时不吸收养分，所以不需要施肥。适合用于追肥的肥料，分为速效型液体肥料和缓释肥料。

※为了承受低温、高温、干燥等不适合生长的环境，植物的地表部分会枯萎，暂时停止生长。

肥料用完的主要迹象

追肥的施肥方法

不断开花的植物和生长较快的植物，适合施速效型液体肥料。以每1~2周1次的频率施肥，代替水进行大量浇灌，直至肥料从盆底流出。

缓释型的颗粒状肥料要避免接触茎条叶，要均匀地洒向植株根部，或者轻轻地与土壤混在一起，这样才比较有效。施肥频率大概为每1~2个月1次。

缓释型的固体肥料，要远离植株根部放置，埋入浅层土壤。因为每次浇水时肥料都会慢慢融化，要以每1~2个月1次的频率施肥。

液肥的稀释方法

想制作用水稀释的1000倍液肥时，可以在1升的水里混入1毫升的肥料原液（如果是粉末，则为1克）。如果是250倍液肥，可以在1升的水里混合4毫升的肥料原液（如果是粉末，则为4克粉末）。一定要用计量杯正确称量。充分搅拌后将液肥装入喷壶，进行施肥。当天制作的液肥必须在当天使用完。

摘除枯萎的花梗

如果把枯萎的花梗※留在盆栽里，不仅难看，还会结出种子、消耗养分，导致新的花很难长出来。一起仔细地摘除枯萎的花梗，最大限度地延长花朵的观赏周期吧。

※枯萎的花梗：指花开败却未落，残留的花梗。

要点！

连子房一起摘除

摘除花梗不仅是指摘除花瓣的部分，雌蕊下方膨胀的部分（子房）也要一起摘除。如果留下子房，就会结出种子，所以千万要注意。关于操作方法，可以用手直接摘除，也可以用剪刀剪除。花梗较长的植物，可以留下下叶片，从花梗的根部摘除。

摘除枯叶

如果在一个容器里栽种了许多植物，其内部会很闷热，下叶片也容易枯萎。所以要时不时地观察植株根部，去除枯萎的叶子。通风良好可以防止霉菌生长和疾病感染。

茎条较硬的叶片，需要用剪刀剪除。

茎条较软的叶片，可以用手从根部摘除。

摘除枯萎花梗的方法

花梗较硬的，需要用剪刀剪除。

花梗较软的，可以用手直接摘除。

尽可能一天检查一次，感觉快开败的花可以果断地剪掉。

左图为刚刚开放的新鲜的万寿菊。因为万寿菊有在夜间或恶劣气候时闭合花朵的习性，所以要注意不能弄混闭合的花朵和开败的花朵。

左图为快开败的万寿菊。和上图相比较，花粉的颜色较为黯淡，所以可以很轻松地分辨出来。

摘除枯萎花梗的主要方法

● 从根部摘除长的花梗（仙客来等）。

● 从根部折断花梗，进行摘除（郁金香、水仙、百合等）。

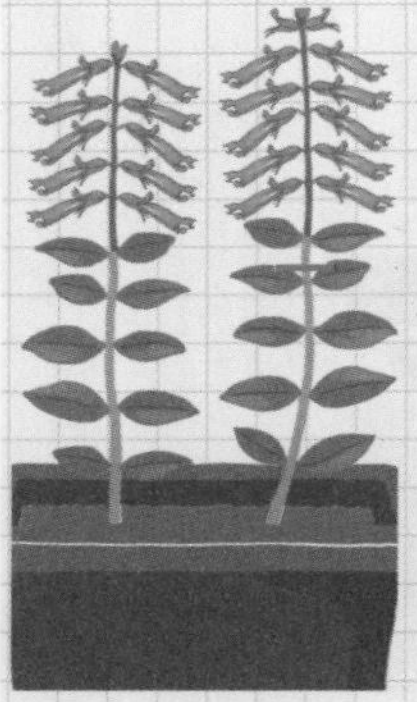

● 最上方开出的花朵，要连花穗一起摘除（一串红等）。

摘除顶芽

不断开花的一年生植物和多年生植物，如果放任其生长，就会变得杂乱、难看，而且植株疲惫，也会导致花朵数量减少。因此，为了让植株恢复有活力的状态，增加花朵的数量，就要摘除顶芽。

要点！

要在关节的正上方切除茎条

摘除顶芽的操作，重点在于要沿着每根茎条的关节（长叶子的部分）上方进行切除。如果不这样做，留下部分的茎条，不仅难看，还容易成为植株枯萎、霉菌生长或疾病感染的诱因之一。另外，留下的长度以全长的1/3~1/2为标准，大胆地剪吧。

必须进行顶芽摘除的主要植物

茎条伸展、下垂的植物

凤仙花、景观矮牵牛、旱金莲、碧冬茄等，以留下全长的1/3~1/2为标准进行修剪。

植株向上伸展的植物

金鱼草、紫菀、一串红、柳穿鱼等，落花后，在距离土壤表面10~20厘米的位置进行修剪。

茎条底部木质化的多年生植物

蕾丝金露花、木茼蒿、梳黄菊、迷迭香等，可以在每根枝条上留下健康的叶片，以留下全长的2/3为标准进行修剪。

*花期较短的一年生植物和株高较低的多年生植物，不需要摘除顶芽。

摘除顶芽的方法

植株长得大而茂密后，通风会变差。景观矮牵牛适合摘除顶芽的时期，是在其生长旺盛的初春至初夏。

沿着容器的边缘剪除过度伸展的茎条。留下侧芽，剪除会结出种子的茎条和花芽。在中央部分留出3~4厘米后再进行修剪。

摘除顶芽后施缓释型肥料并充分浇水，一周内要避免阳光直射。快的情况下，10天左右就会长出新的茎条。

迷你玫瑰的顶芽摘除

沿着容器的边缘摘除顶芽。因为迷你玫瑰有着四季开放的特性，所以摘除顶芽后一个半月左右它就会再次开花。

剪除花梗，不是在花朵的正下方下刀，而是在5片叶子的正上方进行剪除。

对于过了盛开期的红莲月季，应尽可能地留下其根部的叶子，剪除顶部向下5厘米左右的枝叶。

更换植株

用别的植株更换开败或枯萎的植株，就能打造出新的组合盆栽。同时再进行枯萎花梗和顶芽的摘除工作，就能使盆栽清清爽爽、焕然一新了。

植株的拔除方法

1 在根块周围，稍微远离植株根部的地方，垂直插入铲子。

2 插入几处并做好切口，然后用铲子从底部抬起根块，同时用手一起拔出根块。

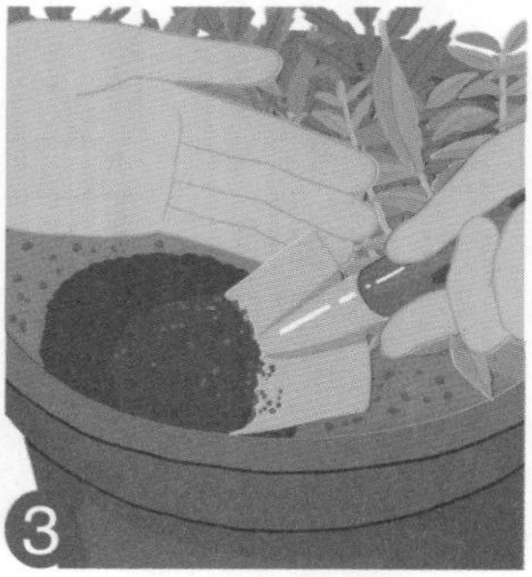

3 为了保证留出的空间能放下新植株，可以多取出一些土壤，同时要注意不能弄伤其他植物的根系。

要点！

留下主体植物

如果留下存在感较强的木本植物或多年生草本植物，并在每个季节更换凋谢的植物，就可以多次更新同一盆组合盆栽。移除的多年生草本植物还可以移植到花坛或者其他的容器中，如果好好打理，来年又可以欣赏到花朵。

植株的更换方法

第101页介绍了把春季的组合盆栽重新打造成夏季的新的组合盆栽的方法。移除凋谢的水仙“密语”、樱花草、洋葵，再在空出的位置种上重瓣蓝眼菊、矾根和金丝桃，就变成了具有夏日感的组合盆栽。

春天种植的是麻叶绣线菊、水仙“密语”、樱花草、紫花糖芥、洋葵。

随着季节的变化，水仙凋谢了，樱花草和洋葵也过了盛开期。

留下灌木麻叶绣线菊和多年生植物紫花糖芥，其余的全部拔除。

摘除麻叶绣线菊和洋葵枯萎的花梗，剪除长得太长的枝条的顶芽。

在空出的位置种上重瓣蓝眼菊、矾根和金丝桃。

完成后的照片请参考第101页

更换植株

如果是以灌木为主体植物的组合盆栽，更换凋谢的一年生植物和多年生植物后，同一盆组合盆栽可以再欣赏2~3年。但随着时间的流逝和土壤的劣质化，可能会出现根茎缠绕、植株生长恶化的情况，所以在这种情况发生前就要考虑更换掉全部的植株。

灌木

挖出后，将太长的粗根和细根切下，换上与相同大小的容器。别忘了剪除长得太长的枝条的顶芽，修整形态。

球根植物

保存好新长出的球根，将其移植到新的土壤里。如果是水仙，夏天植株的地表部分枯萎后，可以挖出球根进行分球，到了秋天再种下。

郁金香的种植

多年生草本植物

采用第120页提到的拔除方法拔出植株，换上新的土壤。在植株的1/3处进行顶芽摘除，让其休养生息。

可以将养大的植株分成几株来增加植株数量。一般情况下，春天开花的植物在秋天进行分株，秋天开花的植物则在春天进行分株，各株植物应分别种入新的土壤中。

野草莓的分株

也可以使用扦插灌木（芽苗）的方法增加植株数量。一般来说，适合在植物生长旺盛的春天和夏天进行扦插。

天竺葵一般选择长有3~4片叶子的茎，从茎条尖端开始剪5~10厘米作为扦插苗，插入珠光体之类的扦插床里生根。

天竺葵的扦插

要点小课堂

庭院中的组合盆栽的植株更换

对于装饰在前庭角落里的组合盆栽，把花期较长的多年生植物香雪球留在那里，只把凋零的一年生植物三色堇换掉。用这种方法就可以轻松地使盆栽焕然一新。

不同季节的管理

夏天的酷暑、湿气，冬天的严寒、干燥，都会导致组合盆栽提前枯萎。随着季节的变化，采用富有智慧的对策和照料方法，尽可能地减少恶劣的自然环境对植物的伤害吧。

要点！

发挥组合盆栽的优点

组合盆栽最大的优点就是可以随意移动到任何地方。如果预想到会有台风或暴雨，可以提前把盆栽转动到能遮风挡雨的地方。要预防酷暑和湿气导致的闷热或强风对植物造成伤害，摘除顶芽也是一种办法。对于怕冷的植物，最重要的就是将其放入室内，避开低温环境。

过冬的要求

因为不同植物的抗寒能力不同，所以将有的植物搬进室内过冬会更安全。可以通过花苗上的标签说明来确定植物的特性。

把盆栽移至室内光照充足的窗边。

在阳台的栅栏上安上无纺布或塑料薄膜，以避免寒风侵入。

如果预想到会有雪，可以撑起支架，并捆扎起来，以防止积雪压断枝条。

用无纺布盖住整个盆栽进行防寒。

过夏的要点

梅雨季节空气湿度高，植株容易生病或遭遇害虫侵害。在高温、潮湿的夏天到来之前，可以将容器的间距扩大，修剪过长的枝条，整理枯萎的下叶片等，使植株通风良好。

增加容器和地面之间的空隙，改善通风。

梅雨季节，将组合盆栽移至室内，避免其淋雨。

夏天傍晚，可以通过洒水来降低地表温度。

支起帘子，避免日晒。

病虫害的防治

在气候温暖的春季到秋季，要注意预防蚜虫和蛞蝓（俗称鼻涕虫）。改善日照和通风条件，预防白粉病和灰霉病的发生。

要点！

一看到就立即清除

蚜虫长在新芽和茎等部位，会导致植物枯萎。不仅如此，还会招致各种各样的疾病。一旦发现了害虫，就要立即捕杀，这是一条铁律。在植株生病的情况下，为了把危害控制在最低程度，也需要把植株一起处理掉。使用杀虫剂和杀菌剂等药剂的时候，请务必按照标签和说明书上的使用方法进行处理。

预防病虫害的对策

- **挑选健全的植苗，确定植苗不携带病虫害。**
- **不要把容器直接放在地面上，以免害虫从盆底孔侵入。**
- **使用无病害虫的新土壤。对旧土壤要按照第124页提到的方法消毒。**
- **及时清理病虫害的温床——花朵、枯叶和杂草。**
- **在通风良好的地方，适当施加肥料和浇水，使植物健康地生长。**

植物的健康检查

平常就要注意仔细观察植物，这一点非常重要。为了防止病虫害扩大，稍有异变就要及时处理。此外，要恪守以下原则：如果发现了害虫就要当场捕杀，如果植株生病了就要一并处理。

花、叶和茎等部位是否长出了灰色的霉菌？
鼻涕虫病

◦叶、茎上是否出现了白色的粉末？
白粉病

◦叶子有没有被咬过的痕迹，或者叶子和地面上有没有掉落的粪便？
毛虫或甘蓝夜蛾

◦叶子的颜色是否变白？叶子或新叶里是否出现了白色的小虫？
二斑叶螨、粉虱

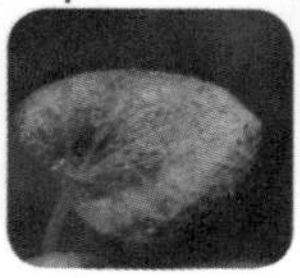

◦叶片或地面是否有反光的迹象？
蛞蝓

◦花、叶上是否出现斑纹或有长斑的迹象？
花叶病

◦新芽、新叶是否发蔫？新芽、新叶里是否有大量的黑色、黄色的小虫子？
蚜虫

要点小课堂

将栽培土与粉状肥料相混合

制作夏季组合盆栽时，事先在栽培土中加入颗粒状杀虫剂（乙酰甲胺磷等）也是一种好方法。药剂种类不同，效果也有所不同，杀虫剂对蚜虫和鼻涕虫等很有效，而且效果持续时间也很长。

专栏

使用过一次的栽培土的再次利用

在组合盆栽中使用过的栽培土，经过适当的处理可以再次利用。请一定要试试看哦。

准备清单

- 旧栽培土。
- 大网眼和小网眼的筛子。
- 报纸。
- 基础栽培土 ※(赤玉土60%、腐叶土40%)。

(※基础栽培土的相关信息请参考第27页。)

要点！ 容器的保存方法

使用完的容器要用水洗干净，干燥后保存在雨水淋不到的地方。素烧容器上浮出的白色粉末，可以用刷子刷干净。如果素烧容器沾水，外壁就很容易脱落。

吊篮可以更换新的棕榈皮或塑料薄膜后使用。

1

将完全干燥的旧栽培土放入大网眼的筛子中，去掉盆底石、根系和枯叶等。

2

把筛过的栽培土摊在报纸上，放在阳光底下消毒，夏天需要一周，冬天需要两周左右，时不时上下翻动栽培土。

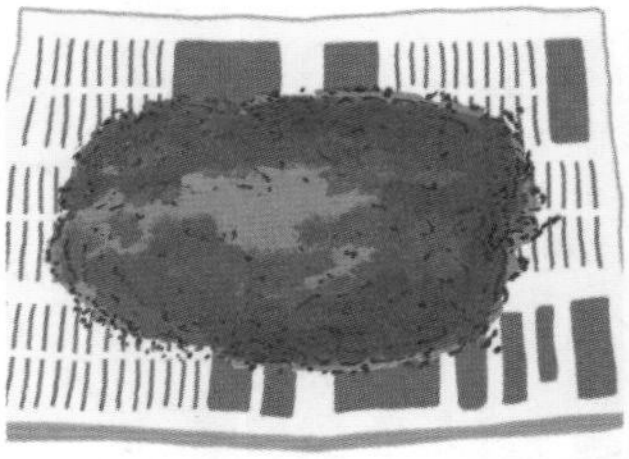

3

把经过第2步处理的栽培土放入小网眼的筛子中，去除粉尘。再向筛过的栽培土中加入基础栽培土，基础土占整体3~5成。在此基础上，按照再生土1升对应白云石5～7克、元肥(缓释型肥料)3~4克的比例加入白云石和元肥，并混合均匀。

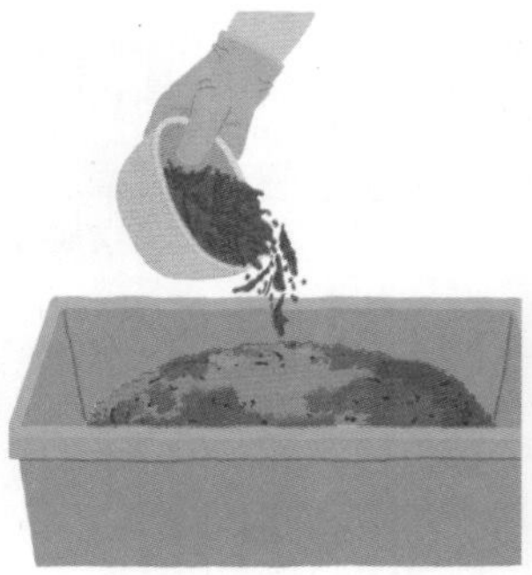

*也可以把旧栽培土和市场上出售的栽培土改造材料混合，进行栽培土再生。
*因为香豌豆、矮牵牛不宜连作，所以种植这两种植物时还是要使用新的栽培土。

第五部分

不同类别的植株推荐

本章将按照植物的习性、园艺特点，对适合制作组合盆栽的植物进行分类介绍。

本章的内容能为读者确认不同植物是否喜好同种生长环境提供参考，并为主体花、辅助花、焦点花（“主”“次”“亮点”）的选择提供指导意见。

* 本书提及的植物的开花期和观赏期以是日本地区为准。

向上生长型

适合作为主体花、辅助花（“主”“次”植物）使用

补血草

白花丹科

秋季播种一年生植物

（半耐寒多年生植物）

花期：6–10月

株高：30~100厘米

一串红

唇形科

春季播种一年生植物

（耐寒多年生植物）

花期：4月中旬–12月

株高：30~200厘米

鸡冠花

苋科

春季播种一年生植物

花期：7月中旬–10月中旬

株高：20~200厘米

翠菊

菊科

春季播种一年至二年生植物

花期：6月中旬–9月

株高：20~90厘米

紫罗兰

十字花科

秋季播种一年生植物

花期：2–4月

株高：20~100厘米

白芨

兰科

耐寒多年生植物

花期：5月

株高：30~60厘米

波斯菊

菊科

春季播种一年生植物

（半耐寒多年生植物）

花期：6–11月中旬

株高：30~200厘米

欧洲银莲花

毛茛科

秋季播种球根植物

花期：2月中旬–5月中旬

株高：10~45厘米

大丽花

菊科

春季播种球根植物

花期：5–10月

株高：20~200厘米

黄水仙

石蒜科

秋季播种球根植物

花期：12月–次年4月

株高：10~60厘米

古代稀

柳叶菜科

秋季播种一年生植物

（耐寒多年生植物）

花期：5–6月

株高：20~80厘米

金鱼草

玄参科

秋季播种一年生植物

（耐寒多年生植物）

花期：3–6月

株高：10~200厘米

木茼蒿
菊科
半耐寒多年生植物
花期:12月–次年6月
株高:20~120厘米

穗花婆婆纳
玄参科
耐寒多年生植物
花期:5月中旬–8月
株高:10~80厘米

龙面花
玄参科
秋季播种一年生植物
(耐寒/半耐寒多年生植物)
花期:3月中旬–6月中旬、10月–12月
株高:15~30厘米

郁金香
百合科
秋季播种球根花卉
花期:3月中旬–5月中旬
株高:10~70厘米

百合
百合科
秋季播种球根植物
花期:5月中旬–8月中旬
株高:30~200厘米

五星花
茜草科
半耐寒多年生植物
花期:5月下旬–11月
株高:30~130厘米

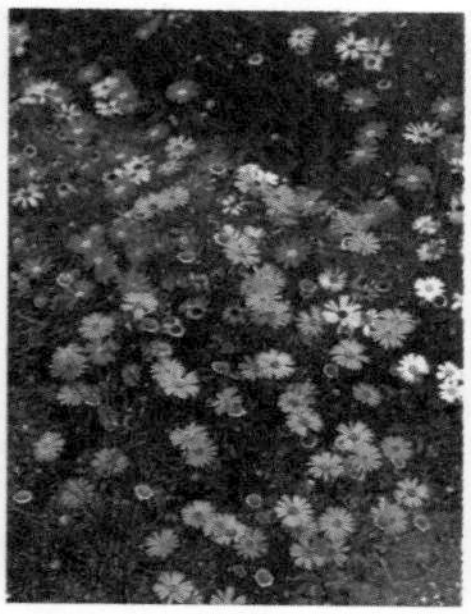

鹅河菊
菊科
春秋季播种一年生植物
(半耐寒多年生植物)
花期:4–10月
株高:15~45厘米

紫娇花
石蒜科
春秋季播种球根花卉
花期:主要为5–8月
株高:30~60厘米

梳黄菊
菊科
半耐寒常绿灌木
花期:11月–次年5月中旬
高度:30~100厘米

罂粟
罂粟科
耐寒多年生植物
(秋季播种一年生植物)
花期:3–6月
株高:30~90厘米

法绒花
伞形科
半耐寒多年生植物
花期:4–9月、9–12月
株高:30~100厘米

翠雀花
毛茛科
秋季播种一年生植物
(耐寒多年生植物)
花期:5月中旬–8月
株高:25~100厘米

生长茂盛型

适合作为主体花、辅助花、焦点花（“主”“次”“亮点”植物）使用

帚石南
杜鹃花科
耐寒常绿灌木
花期:6–9月
株高:20~60厘米

勋章菊
菊科
半耐寒多年生植物
花期:5–10月
株高:20~30厘米

酢浆草
酢浆草科
春秋季播种球根植物
花期:10月–次年5月
株高:5~50厘米

熊耳草
菊科
春季播种一年生植物
花期:6使用11月
株高:20~70厘米

观赏辣椒
茄科
春季播种一年生植物
观赏期:6–12月
株高:20~100厘米

满天星
石竹科
秋季播种一年生植物
（耐寒多年生植物）
花期:6–8月
株高:50–60厘米
（90~120厘米）

仙客来
报春花科
秋季播种球根植物
花期:10月中旬–次年5月中旬
株高:15~40厘米

屈曲花
十字花科
秋季播种一年生植物
（耐寒多年生植物）
花期:3月中旬–5月中旬
株高:15~50厘米

小白菊（白晶菊）
菊科
秋季播种一年生植物
花期:12月–次年6月
株高:10~30厘米

小花矮牵牛
茄科
春秋季播种一年生植物
（不耐寒多年生植物）
花期:4–11月
株高:10~30厘米

非洲菊
菊科
半耐寒多年生植物
花期:4月中旬–10月中旬
株高:15~80厘米

非洲凤仙
凤仙花科
春季播种一年生植物
（不耐寒多年生植物）
花期:5–11月中旬
株高:10~60厘米

秋海棠类

秋海棠科

不耐寒多年生植物

花期:5–11月

株高:15~200厘米

瞿麦(高山瞿麦)

石竹科

秋季播种一年生植物

(耐寒多年生植物)

花期:4–5月

株高:10~20厘米

蛾蝶花

茄科

秋季播种一年生植物

花期:3–5月

株高:20~30厘米

芳香竺葵

洋葵科

不耐寒多年生植物

花期:3月中旬–6月

株高:20~80厘米

三色堇、堇菜花

堇菜科

秋季播种一年生植物

花期:11月中旬–次年5月

株高:10~50厘米

*通常,将大花至中花系品种称为三色堇,中花至小花系品种称为堇菜花。

雏菊

菊科

秋季播种一年生植物

花期:12月–次年6月中旬

株高:5~15厘米

百日菊

菊科

春季播种一年生植物

花期:6–11月

株高:30~100厘米

孔雀草

菊科

春季播种一年生植物

(耐寒多年生植物)

花期:5月中旬–11月

株高:15~90厘米

报春花

报春花科

春季播种一年生植物

(耐寒多年生植物)

花期:10月–次年4月中旬

株高:5~40厘米

八仙花(绣球)

虎耳草科

半耐寒落叶灌木

花期:6–9月上旬

株高:1~1.5米

天竺葵

洋葵科

不耐寒/半耐寒多年生植物

花期:3–7月中旬、9月中旬–12月

株高:20~70厘米

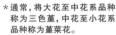

适合作为焦点花（“亮点”）、补花、整根花使用

矮牵牛
茄科
春季播种一年生植物
（半耐寒多年生植物）
花期：4–12月
株高：20~50厘米

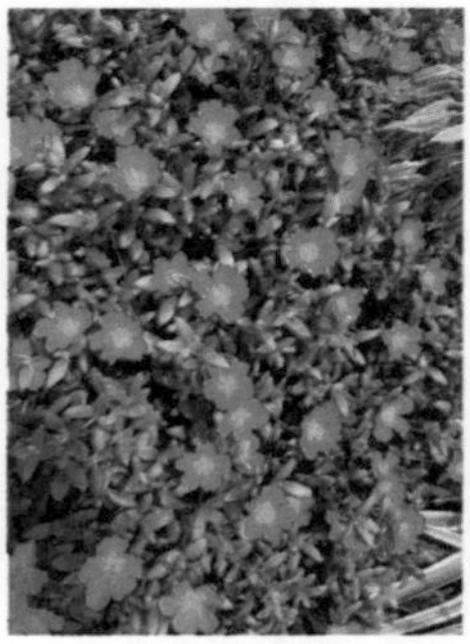

马齿苋（蜀本草）
马齿苋科
半耐寒多年生植物
花期：5–11月中旬
株高：20~30厘米

长春花
夹竹桃科
春季播种一年生植物
花期：7–11月
株高：30~60厘米

匍匐筋骨草
唇形科
耐寒多年生植物
花期：4月中旬–6月中旬
株高：15~20厘米

荷包蛋花
沼花科
秋季播种一年生植物
花期：4–7月上旬
株高：15~20厘米

花韭（春星韭）
百合科
秋季播种球根植物
花期：3–4月
株高：10~15厘米

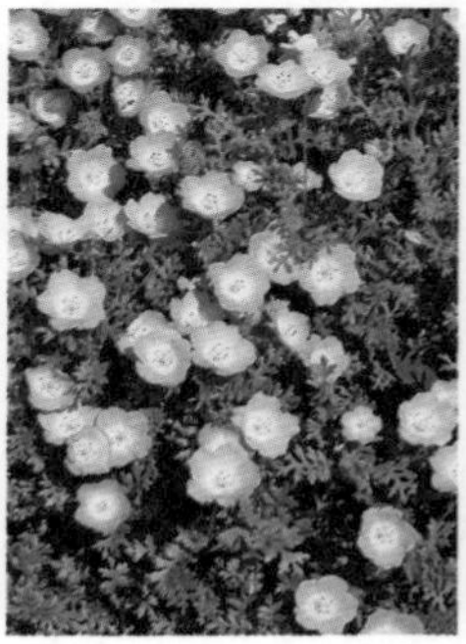

喜林草
紫草科
秋季播种一年生植物
花期：3月下旬–5月
株高：15~30厘米

飞蓬
菊科
耐寒多年生植物
花期：5–6月
株高：20~100厘米

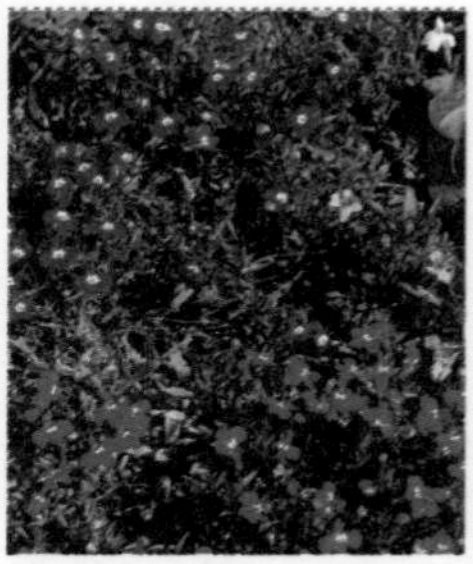

六倍利
桔梗科
秋季播种一年生植物
（半耐寒多年生植物）
花期：5–7月中旬、9月中旬–11月
株高：10~25厘米

紫扇花
草海桐科
半耐寒多年生植物
花期：5–11月
株高：20~40厘米

美女樱
马鞭草科
春季播种一年生植物
（耐寒多年生植物）
花期：4–11月中旬
株高：10~30厘米

香雪球
十字花科
秋季播种多年生植物
花期：9月–次年6月中旬
株高：10~15厘米

夏雪葛
报春花科
耐寒多年生植物
花期：7月
株高：10~90厘米

园艺过路黄
蓼科
耐寒多年生植物
花期：9–12月
株高：8~15厘米

夏堇
兰花科
春季播种一年生植物
花期：6–10月中旬
株高：20~30厘米

庭荠
十字花科
秋季播种一年生植物
花期：4–5月
株高：10~30厘米

蓝花丹
白花丹科
常绿灌木
花期：6–10月
株高：30~200厘米

金莎草
玄参科
春季播种一年生植物
花期：6–10月
株高：5~10厘米

百可花
玄参科
半耐寒多年生植物
花期：4月中旬–11月中旬
株高：5~15厘米

蓝星花
旋花科
不耐寒多年生植物
花期：5月中旬–10月
株高：20~60厘米

腋花千叶兰
蓼科
半耐寒常绿木本攀缘植物
观赏期：全年
藤长：3~5米

马缨丹
马鞭草科
常绿灌木
花期：4月中旬–11月中旬
株高：20~200厘米

金丝桃
藤黄科
半耐寒落叶灌木
花期：6–7月
株高：80~120厘米

香豌豆
豆科
秋季播种一年生植物
（耐寒多年生植物）
花期：5–6月
株高：30~300厘米

知风草
禾本科
耐寒多年生植物
观赏期：5–10月
株高：20~30厘米

薹草
莎草科
半耐寒多年生植物
观赏期：全年
株高：20~120厘米

富贵草
黄杨科
常绿灌木
观赏期：全年
株高：20厘米左右

络石
夹竹桃科
常绿木本攀缘植物
观赏期：全年
藤长：2~10米

狼尾草
禾本科
半耐寒多年生植物
（春季播种一年生植物）
花期：6月下旬–11月上旬
株高：30~150厘米

芒草
禾本科
耐寒多年生植物
观赏期：5–11月
株高：1~2米

香茶菜
唇形科
不耐寒多年生植物
观赏期：全年
株高：30~60厘米

银边翠
大戟科
春季播种一年生植物
观赏期：7–9月
株高：60~80厘米

花叶燕麦草
禾本科
耐寒多年生植物
观赏期：9月中旬–次年4月
株高：30~40厘米

新西兰麻
龙舌兰科
半耐寒多年生植物
观赏期：全年
株高：60~100厘米

蜡菊
菊科
半耐寒常绿亚灌木
观赏期：全年
株高：30~100厘米

矾根
虎耳草科
耐寒多年生植物
观赏期：全年
株高：20~80厘米

蔓长春花
夹竹桃科
耐寒常绿小灌木
花期:4–6月
株高:40~50厘米

银叶菊
菊科
春季播种二年生植物
(耐寒多年生植物)
观赏期:全年
株高:40~150厘米

羊角芹属
伞形科
耐寒多年生植物
观赏期:4–10月
株高:30~80厘米

玉竹
百合科
耐寒多年生植物
观赏期:4–10月
株高:30~60厘米

鱼腥草
三白草科
耐寒多年生植物
观赏期:5–10月
株高:15~30厘米

花叶木藜芦
杜鹃花科
耐寒常绿灌木
观赏期:全年
株高:1~1.5米

活血丹
唇形科
耐寒多年生植物
观赏期:全年
株高:5~20厘米

锦绣苋
苋科
不耐寒多年生植物
观赏期:大致全年
株高:10~50厘米

雁来红
苋科
春季播种一年生植物
花期:8–10月
株高:80~150厘米

车轴草(三叶草)
豆科
耐寒多年生植物
观赏期:全年
株高:10~20厘米

锦紫苏
唇形科
不耐寒多年生植物
(春季播种一年生植物)
观赏期:4月下旬–10月
株高:20~100厘米

番薯
旋花科
春季播种球根植物
观赏期:4月中旬–11月中旬
株高:5米以下

旱金莲（金莲花）
旱金莲科
春季播种一年生植物
可利用部分：花、叶、果实
株高：20~200厘米

龙蒿
菊科
耐寒多年生植物
可利用部分：茎、叶
株高：50~100厘米

洋甘菊
菊科
春季播种一年生植物
可利用部分：花
株高：30~60厘米

欧芹
伞形科
二年生植物
可利用部分：叶
株高：30~100厘米

罗勒
唇形科
春季播种一年生植物
可利用部分：叶
株高：50~80厘米

虾麦葱
石蒜科（葱科、百合科）
耐寒多年生植物
可利用部分：叶、茎、花
株高：30~50厘米

甜菜
藜科
春秋季播种一年生植物
可利用部分：嫩叶
株高：50~100厘米

牛至
唇形科
耐寒多年生植物
可利用部分：茎、叶、花
株高：50~80厘米

神香草
唇形科
耐寒多年生植物
可利用部分：叶、茎、花
株高：40~60厘米

莳萝
伞形科
春秋季播种一年至两年生植物
可利用部分：全部
株高：60~100厘米

鼠尾草
唇形科
半耐寒常绿灌木
可利用部分：叶
株高：30~80厘米

百里香
唇形科
耐寒常绿灌木
可利用部分：茎、叶
株高：10~40厘米

香蜂花

唇形科

耐寒多年生植物

可利用部分：叶

株高：50~70厘米

薰衣草

唇形科

耐寒常绿灌木

可利用部分：花、叶、茎

株高：30~100厘米

琉璃苣

紫草科

春秋季播种一年生植物

可利用部分：花、嫩叶

株高：20~100厘米

野甘菊（短舌匹菊）

菊科

耐寒多年生植物

可利用部分：花

株高：15~100厘米

迷迭香

唇形科

常绿灌木

可利用部分：茎、叶

株高：20~200厘米

芝麻菜（臭菜）

十字花科

春秋季播种一年生植物

可利用部分：嫩叶

株高：50~100厘米

薄荷

唇形科

耐寒多年生植物

可利用部分：叶

株高：20~100厘米

茴香

伞形科

半耐寒多年生植物

可利用部分：茎、叶、种子

株高：1~2米

野草莓

蔷薇科

半耐寒多年生植物

可利用部分：果实、叶、根

株高：20~30厘米

柠檬草（香茅）

禾本科

不耐寒多年生植物

可利用部分：茎、嫩叶

株高：1~1.8米

美国薄荷

唇形科

耐寒多生植物

可利用部分：全部

株高：60~150厘米

天芥菜

紫草科

不耐寒常绿灌木

可利用部分：花

株高：50~70厘米

网纹草（费道花）
爵床科
不耐寒多年生植物
观赏期:全年
株高:20~30厘米

白鹤芋
天南星科
不耐寒多年生植物
观赏期:全年
株高:30~100厘米

木薯（树薯）
大戟科
不耐寒多年生植物
观赏期:全年
株高:50~200厘米

铁线蕨
铁线蕨科
耐寒多年生植物
观赏期:全年
株高:5~100厘米

常春藤（钻天风）
五加科
常绿攀缘植物
观赏期:全年
藤长:10米以上

肾蕨
肾蕨科
不耐寒多年生植物
观赏期:全年
株高:10~100厘米

莎草（纸莎草、莎叶草）
莎草科
半耐寒多年生植物
观赏期:全年
株高:30~200厘米

狐尾犬门冬
百合冬科
半耐寒多年生植物
观赏期:全年
株高:30~200厘米

龟背竹
天南星科
不耐寒多年生植物
观赏期:全年
株高:10~200厘米

一叶兰
百合科
半耐寒多年生植物
观赏期:全年
株高:20~100厘米

合果芋
天南星科
不耐寒多年生植物
观赏期:全年
株高:5~500厘米

孔雀竹芋（蓝花蕉）
竹芋科
不耐寒多年生植物
观赏期:全年
株高:10~150厘米

长生草
景天科
生长类型:春秋型种
花期:2–7月
（不同种类各有不同）
株高:2~8厘米

肉锥花
番杏科
生长类型:冬型种
花期:9月–次年1月
（不同种类各有不同）
株高:2~10厘米

珈蓝菜
景天科
生长类型:夏型种
花期:3–5月
株高:20~80厘米

莲花掌
景天科
生长类型:冬型种
花期:2–6月
株高:10~80厘米

条纹十二卷
阿福花科
生长类型:春秋型种
花期:2–6月
（不同种类各有不同）
株高:2~20厘米

景天
景天科
生长类型:春秋型种
花期:10月
株高:25~40厘米

青锁龙属
景天科
生长类型:春秋型种
观赏期:全年
株高:2~100厘米

拟石莲花属
景天科
生长类型:春秋型种
花期:2–8月
（不同种类各有不同）
株高:2~80厘米

生石花
番杏科
生长类型:冬型种
花期:10月–次年1月
（不同种类各有不同）
株高:5厘米

千里光（九里明）
菊科
生长类型:春秋型种
观赏期:全年
株高:10~100厘米

福娘
景天科
生长类型:夏型种
观赏期:全年
株高:10~30厘米

瓦松
景天科
生长类型:春秋型种
观赏期:全年
株高:20厘米

＊根据生长期的不同，多肉植物可以分为3类。由于不同种类的多肉植物有着不同的种植方法，所以在进行组合盆栽制作时，只能将同一种类的多肉植物进行组合。

组合盆栽种植笔记

标题	制作日期 年 月 日

布局图	完成图

植物名	工作笔记	
A	/	
B	/	
C	/	
D	/	
E	/	
F	/	
G	/	
	/	
	/	
	/	
	/	

标题	制作日期 年　月　日

布局图	完成图

植物名	工作笔记	
A	/	
B	/	
C	/	
D	/	
E	/	
F	/	
G	/	
	/	
	/	
	/	
	/	

* 笔记的记录方法请参考本书第56页。

植物真的有着神奇的力量，只是静静地看着它们，就能让人安心，感到被治愈。再试着摸摸它们，更是能让人充满活力。

即使庭院不大，没有土壤，也有能将植物栽在容器（能培植植物的容器）里欣赏的方法。在一个容器中，按不同季节组合各种各样的植物来玩赏，这样的盆栽园艺如今非常流行。那么，应该在什么容器中种植什么样的植物呢？设计、配色、摆放位置等又该如何选择呢？思考这些问题让人不由得兴奋起来。

刚开始的时候，可能会觉得找不到思路，对此不妨多看看优秀的组合盆栽作品并进行模仿，或者参考本书，多加练习。在学习的过程中，慢慢便会有进步。当你制作出一个优秀作品时，喜悦之情也将加倍。

来吧，让我们翻开书，一起享受制作组合盆栽的乐趣吧。

——古贺有子